普通高等教育工程训练系列教材

工程训练报告

主　编　闫占辉
副主编　武　勇　闫　伟　李　锟　王　征
参　编　郑晓培　刘　旦　栾　鑫　刘　辉
主　审　付　铁

机械工业出版社

本书是根据教育部高等学校教学指导委员会编制的《普通高等学校本科专业类教学质量国家标准》、教育部高等学校机械基础课程教学指导分委员会编制的《高等学校机械基础系列课程现状调查分析报告暨机械基础系列课程教学基本要求》和各专业人才培养方案等编写的，遵循"大工程、强实践、重创新"的现代工程教育理念，以培养应用型、创新型工程技术人才为目标。

本书与《工程训练教程》配套使用，主要包括常规机械制造装备与加工技术、先进制造装备与加工技术、电工技术、物料自动化加工技术的基础训练与综合训练等内容。

本书适合在本科院校工程训练教学实践中使用，便于学生在工程训练实践教学过程中对实习内容进行复习、归纳和总结，注重理论与实践的结合，培养学生的工程素质、工程实践能力和创新精神。

图书在版编目（CIP）数据

工程训练报告/闫占辉主编. —北京：机械工业出版社，2020.10
（2025.2重印）

普通高等教育工程训练系列教材

ISBN 978-7-111-66716-2

Ⅰ.①工… Ⅱ.①闫… Ⅲ.①机械制造工艺-高等学校-教学参考资料

Ⅳ.①TH16

中国版本图书馆 CIP 数据核字（2020）第 188195 号

机械工业出版社（北京市百万庄大街22号 邮政编码100037）
策划编辑：丁昕祯 责任编辑：丁昕祯 赵亚敏
责任校对：潘 蕊 封面设计：张 静
责任印制：郜 敏
北京富资园科技发展有限公司印刷
2025 年 2 月第 1 版第 6 次印刷
184mm×260mm·10.25 印张·251 千字
标准书号：ISBN 978-7-111-66716-2
定价：29.80 元

电话服务　　　　　　　　　　网络服务

客服电话：010-88361066　　机 工 官 网：www.cmpbook.com

　　　　　010-88379833　　机 工 官 博：weibo.com/cmp1952

　　　　　010-68326294　　金 书 网：www.golden-book.com

封底无防伪标均为盗版　　机工教育服务网：www.cmpedu.com

前　言

本实训报告是作者结合教育部高等学校教学指导委员会编制的《普通高等学校本科专业类教学质量国家标准》、教育部高等学校机械基础课程教学指导分委员会编制的《高等学校机械基础系列课程现状调查分析报告暨机械基础系列课程教学基本要求》和各专业人才培养方案等，遵循"大工程、强实践、重创新"的现代工程教育理念，以培养应用型、创新型工程技术人才为目标，在总结近年来工程训练教学研究和教学改革成果的基础上，编写而成的。

本实训报告较以前做了更新与调整，引入新技术、新工艺、新方法，强化与现代机械工业主流技术的紧密衔接。

本实训报告由长春工程学院闫占辉统稿并担任主编，武勇、闫伟、李锟、王征任副主编。参加编写的还有：郑晓培、刘旦、栾鑫、刘辉。北京理工大学付铁教授担任主审，他对本书提出了很多宝贵意见，在此表示感谢。

本实训报告是在张祝新主编的《工程训练——实习报告》基础上，参考了相关教材、实训报告等文献资料上的相关内容，借鉴了同行专家的教研成果，在此对有关人员一并表示诚挚的谢意。

本实训报告与闫占辉主编的《工程训练教程》教材配套，供高等工科院校工程训练教学使用，便于学生在工程训练实习教学中对实习内容复习、总结和归纳提高，促进理论与实践结合，培养学生综合工程素质及创新实践能力。

由于作者水平有限，书中不足之处在所难免，敬请读者批评指正。

全体编者

目　录

工程训练报告1　　铸造

学生成绩：＿＿＿＿＿＿＿　　　　　　评阅教师：＿＿＿＿＿＿＿

一、选择题

1. 从各因素考虑，铸铁的熔炼设备最好采用（　　）。

A. 坩埚炉　　　　　　　B. 中频感应炉　　　　　C. 电阻炉

2. 铸件广泛用于机床制造、动力、交通运输、轻纺机械、冶金机械等设备。铸件重量占机器总重量的（　　）。

A. 20%～30%　　　　　B. 40%～85%　　　　　C. 60%～80%

3. 型砂中加入煤粉、锯木屑的主要作用是（　　）。

A. 提高型砂强度　　　　　　　　　　B. 便于起模

C. 防止粘砂和提高型砂透气性、退让性

4. 下列物品中，适用铸造生产的是（　　）。

A. 主轴箱齿轮　　　　　　　　　　　B. 铝饭盒

C. 机床丝杠　　　　　　　　　　　　D. 哑铃

5. 铸件产生粘砂的主要原因是（　　）。

A. 型砂强度不够　　　　　　　　　　B. 春砂太紧实

C. 浇注温度过高和造型材料耐火性差

6. 浇注前在上型加压铁的作用是（　　）。

A. 防止上型抬起产生跑火　　　　　　B. 增加砂箱强度

C. 避免过多空气从分型面进入铸型，使铸件氧化

7. 为了助于发挥横浇道的挡渣作用，内浇道截面常做成（　　）。

A. 扁平梯形　　　　　　　　　　　　B. 圆形

C. 半圆形　　　　　　　　　　　　　D. 高梯形

8. 分型面应选在（　　）。

A. 受力面的上面　　　　B. 加工面上　　　　　C. 铸件的最大截面处

9. 型砂透气性差，除产生呛火外，还会产生（　　）。

A. 气孔、浇不足　　　　　　　　　　B. 粘砂、硬皮

C. 应力变形　　　　　　　　　　　　D. 裂纹

10. 起模前，在模样周围刷水是为了（　　）。

A. 提高型砂的耐火性   B. 增加型砂的湿强度和可塑性

C. 提高型砂的流动性   D. 提高型砂的退让性

11. 为防止缩孔和缩松，往往在铸件的顶部或厚实部位设置（　　）。

A. 冒口   B. 浇口   C. 压箱铁

12. 在单件、小批量生产模样和芯盒时，广泛采用（　　）模样和芯盒。

A. 金属   B. 木质   C. 塑料

13. 为了易于从砂型中取出模样，凡垂直于分型面的表面，都做出（　　）的起模斜度。

A. $5°\sim10°$ B. $0.5°\sim4°$ C. $10°\sim30°$

14. 中频感应炉熔炼金属时加入熔剂主要起（　　）的作用。

A. 降低金属熔点   B. 添加有益金属   C. 稀释熔渣

15. 单件、小批量生产尺寸大于 500mm 的（　　）时，为节省木材、模样加工时间及费用，可以采用刮板造型。

A. 旋转体铸件   B. 正方体铸件   C. 长方体铸件

二、填空题

1. 型砂通常是由 _____、_____、_____ 和 _____ 等材料组成。

2. 型砂应具备的主要性能有 _____、_____、_____ 和 _____。

3. 砂型的浇铸系统由 _____、_____、_____ 和 _____ 组成。

4. 熔化铸铁一般在 _____ 炉中熔化，铸钢及合金钢一般在 _____ 炉中进行，电阻炉常用来熔化 _____ 合金。

5. 砂芯的主要作用是 _____。

6. 填写砂型铸造生产的工艺流程方框图（图 1-1）。

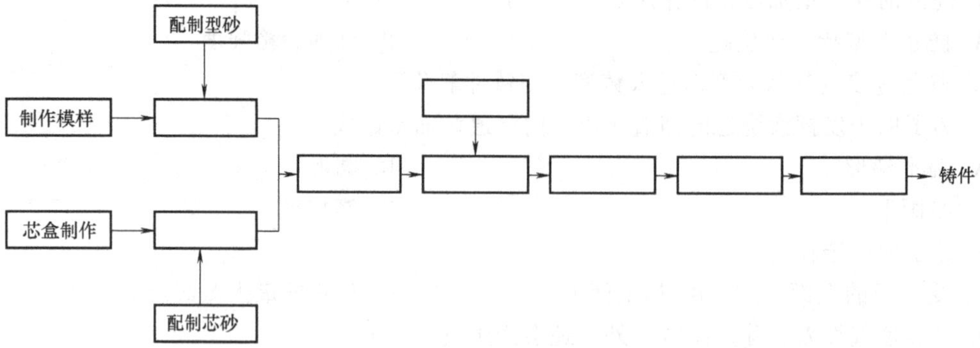

图 1-1　砂型铸造生产的工艺流程方框图

7. 在表 1-1 中写出图 1-2 所示铸型组成的各部分名称和作用。

表 1-1　铸型组成

序号	名　称	作　用
1		
2		
3		
4		
5		
6		
7		
8		
9		

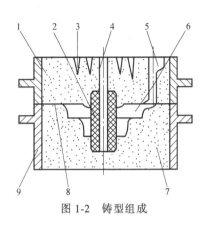

图 1-2　铸型组成

8. 合金熔炼的目的是获得符合要求的金属熔液。不同类型的金属，需要采用不同的熔炼方法及设备。如_____的熔炼是用转炉、平炉、电弧炉、感应电炉等；而非铁金属如_____、_____等的熔炼，则用坩埚炉。

9. 中频感应炉炉料中金属料包括_____、_____、_____和_____等。

10. 中频感应炉内铸铁熔炼的过程并不是金属炉料简单重熔的过程，而是包含一系列物理、化学变化的复杂过程。熔炼后的铁液成分与金属炉料相比，_____有所增加，_____、_____等合金元素含量因烧损会降低，_____含量升高，这是焦炭中的_____进入铁液而引起的。

11. 常见的缩孔、缩松等缺陷是由于铸件_____而产生的。为防止缩孔和缩松，往往在铸件的顶部或厚实部位设置_____。

12. 在表 1-2 中写出图 1-3 所示型砂组成的各部分名称和作用。

表 1-2　型砂组成

序号	名　称	作　用
1		
2		
3		
4		

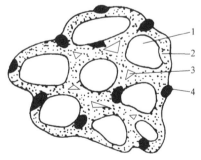

图 1-3　型砂组成

三、判断题

1. 在型砂中加入木屑等物可以提高退让性。　　　　　　　　　　　　（　　）

2. 型芯的主要作用是形成铸件的内腔，孔、洞、凹槽、凸台或铸件局部外形。　（　　）

3. 砂型铸造时，必须先制模样，模样的尺寸应与所需铸件的尺寸完全相同。模样的形状就是铸件的形状。　（　　）

4. 冒口应设置在铸件最高、最厚部位，以利用金属液的重力作用进行补缩。　（　　）

5. 芯头的主要作用是固定芯子，使芯子在铸型中有准确位置。　（　　）

6. 对于中、小型铸件，通常只设一个直浇道。而大型或薄壁复杂的铸件，常设几个直浇道，同时进行浇注。　（　　）

7. 普通灰铸铁的浇冒口一般用锤子打掉；铜合金、铝合金和球墨铸铁的浇冒口则用锯弓锯掉；铸钢件的浇冒口都用气割切除。　（　　）

8. 一旦发现铸件有缺陷，此件必然是废品，为保证产品质量，检验时对这类铸件必须剔除。　（　　）

9. 冒口除补缩作用外，还有排气和集渣的作用。　（　　）

10. 型砂越紧实，退让性越差，在型砂中加入木屑等物可以提高退让性。　（　　）

11. 砂型经受自重、外力、高温金属液烘烤和气体压力等作用的能力称为工艺性能。　（　　）

12. 铸件在冷凝时，型砂可被压缩的能力称为塑性。　（　　）

四、问答题

1. 简述铸造生产的特点及应用。

2. 铸造的方法一般有哪几种？

3. 试述整模造型工艺过程。

4. 造型方法有几种？

5. 写出图 1-4 所示典型浇注系统各部分的名称。

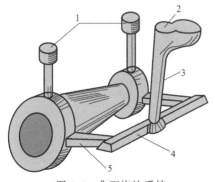

图 1-4　典型浇注系统

1——＿＿＿＿＿＿＿＿＿＿＿＿

2——＿＿＿＿＿＿＿＿＿＿＿＿

3——＿＿＿＿＿＿＿＿＿＿＿＿

4——＿＿＿＿＿＿＿＿＿＿＿＿

5——＿＿＿＿＿＿＿＿＿＿＿＿

6. 请为图 1-5 所示六种铸件选择合理的手工造型方法。

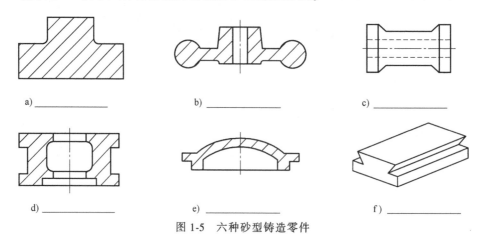

a) _____   b) _____   c) _____

d) _____   e) _____   f) _____

图 1-5　六种砂型铸造零件

7. 简述分型面选择原则有哪些？并在图 1-6 中标出合理的分型面。

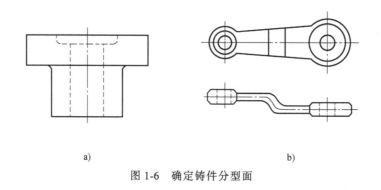

a)　　　　　　　　　　　　　b)

图 1-6　确定铸件分型面

8. 如何判定型砂具备合适的性能要求？

9. 型芯的主要作用是什么？

10. 浇注系统的作用是什么？

11. 为了保证铸件质量，在设计和制造模样和芯盒时，必须先设计出铸造工艺图，然后根据工艺图的形状和大小，制造模样和芯盒。在设计工艺图时，要考虑哪些问题？

12. 优质铁液的要求有几个指标？

五、工艺题

1. 铸件缺陷分析（表 1-3）

表 1-3　铸件缺陷分析

铸件缺陷的名称和图例	缺 陷 特 征	产生缺陷的主要原因
气孔		
缩孔		
错型		
粘砂		
冷裂		

2. 根据图 1-7 所示轴承座零件，绘制铸造工艺图。

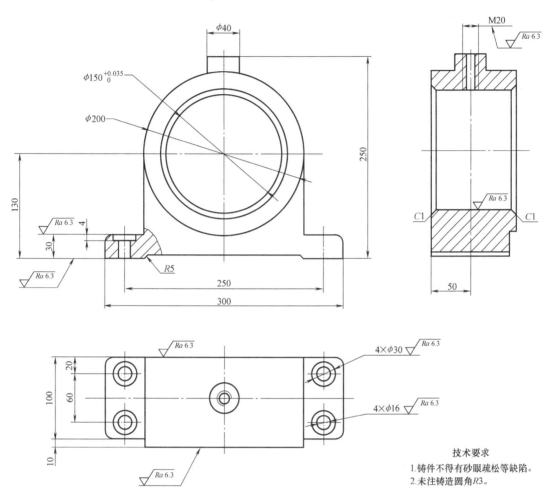

技术要求
1.铸件不得有砂眼疏松等缺陷。
2.未注铸造圆角R3。

图 1-7 轴承座零件图

六、创新设计及制作题

1. 自行设计铸件并填写表 1-4。

表 1-4 自行设计铸件

学生创新设计零件图		工艺说明	工件选用材料：
			手工造型方法：
			其他：

2. 简述自行设计铸件的加工过程。

工程训练报告2　锻造

学生成绩：＿＿＿＿＿＿＿＿＿＿　　　　　　　评阅教师：＿＿＿＿＿＿＿＿＿＿

一、选择题

1. 坯料的始锻温度超过该材料所允许加热的最高温度，就会产生（　　　）。
A. 过热、过烧　　　　　B. 氧化　　　　　C. 脱碳　　　　　D. 裂纹

2. 锻造大型或巨型锻件应选用的自由锻设备是（　　　）。
A. 蒸汽-空气自由锻锤　　B. 空气锤　　　　　C. 水压机

3. 钢、铝、铜等金属材料能进行压力加工是由于（　　　）。
A. 硬度低　　　　　B. 塑性好　　　　　C. 强度差

4. 你在实习中使用的锻坯加热炉是（　　　）。
A. 手锻炉　　　　　B. 反射炉　　　　　C. 煤气炉　　　　　D. 电阻炉

5. 锻造温度范围最宽的碳素钢是（　　　）。
A. 低碳钢　　　　　B. 中碳钢　　　　　C. 高碳钢

6. 金属利用率最高的锻压方法是（　　　）。
A. 冲压　　　　　B. 自由锻　　　　　C. 胎模锻　　　　　D. 锤上模锻

7. 用于锻压的材料应具有良好的（　　　）。
A. 塑性　　　　　B. 韧性　　　　　C. 强度　　　　　D. 高温强度

8. 在锻压车间里，常用（　　　）来确定钢的大致成分。
A. 化学实验法　　　　　B. 火花鉴别法　　　C. 目测法

9. 多数锻件锻后要进行（　　　）热处理，以消除锻件中的内应力和改善金属组织。
A. 淬火　　　　　B. 回火　　　　　C. 退火或正火

10. 在保证不出现加热缺陷的前提下，始锻温度应取得（　　　）一些，以有较充裕的时间锻造成形，减少加热次数。
A. 高　　　　　B. 低

11. 锻造的质量不仅和锻造方法有关，还与钢料的化学成分和加热温度有关，（　　　）易于锻造，而中、高碳钢则锻造困难，合金钢更难以保证锻造质量。
A. 低碳钢　　　　　B. 不锈钢　　　　　C. 铸钢

12. 模锻的生产率高，并可锻出形状复杂、尺寸准确的锻件，适宜在（　　　）生产条件下，锻造形状复杂的中、小型锻件。

A. 大批量   B. 单件生产   C. 小批量

13. 各种金属材料锻造时允许的最（   ）加热温度称为该材料的始锻温度，终止锻造的温度称为该材料的终锻温度。

A. 高   B. 低   C. 大

14. 锻件冷却是保证锻件质量的重要环节，锻件中的碳及合金元素含量越多，锻件体积越大，形状越复杂，冷却速度越要（   ）。否则会造成表面过硬不易切削加工、变形甚至开裂等缺陷。

A. 缓慢   B. 快速   C. 迅速

15. 低、中碳钢和合金结构钢的小型锻件的锻件冷却方式为（   ）。

A. 空冷   B. 坑冷   C. 炉冷

二、填空题

1. 弯曲时，受弯曲部位的金属，内层被_____，容易_____，外层被_____，容易_____。弯曲半径越小，变形程度越大。因此，按坯料的材质和厚度不同，有_____的限制。

2. 锻件冷却的方式有：①_____；②_____；③_____。方式①适用于_____，方式②、③适用于_____。

3. 空气锤以及所有锻锤的主要规格参数是其_____，又称为_____，它包括_____、_____、_____和_____。

4. 锻件通常采用的_____，大都具有良好的锻造性能。冲压件一般都采用_____等具有良好塑性的材料制造。_____不能锻压，如_____。

5. 手工自由锻的基本工序有_____、_____、_____、_____、_____和_____等。

6. 冲压设备有_____和_____等。

7. 使坯料弯成一定角度或形状的锻造工序称为弯曲，弯曲用于锻造_____、_____和_____等锻件。

8. 典型的锻接方法有_____、_____和_____。_____是最常用的，也易于保证锻件质量，而_____法操作较困难，用于扁坯料。_____的缺点是锻接时接头中的氧化熔渣不易挤出。

9. 将加热后的坯料放到锻模的_____，经过锻造，使其在_____所限制的空间内产生塑性变形，从而获得锻件的锻造方法称为模型锻造，简称为模锻。

10. 常用的胎模结构形式主要有_____和_____两种。_____有_____、_____和_____，主要用于锻造齿轮、法兰盘等回转体锻件。_____主要用于锻造连杆、叉形件等形状较复杂的非回转体锻件。

11. 在机械加工前，锻件要进行热处理，目的是_____、_____、减少锻造_____、调整硬度和改善机械加工性能，为最终热处理做准备。

12. 常用的热处理方法有_____、_____和_____等，具体方法要根据锻件材料的种类和化学成分来选择。

三、判断题

1. 加热可以提高坯料的塑性，降低变形抗力，所以加热温度越高越好。　　　（　　）
2. 金属材料加热过热、过烧后，锻件坯料报废。　　　（　　）
3. 锻件的冷却速度与碳元素及合金元素的含量、锻件的体积、形状有关。　　　（　　）
4. 拔长时，为提高拔长效率，送进量越大越好。　　　（　　）
5. 镦粗时，对坯料的高径比有要求，而拔长时则不要求坯料尺寸。　　　（　　）
6. 锻压指的就是锻造。　　　（　　）
7. 加热的目的是提高金属的塑性和降低变形抗力，即提高金属的可锻性。　　　（　　）
8. 坯料开始锻造的温度（始锻温度）和终止锻造的温度（终锻温度）之间的温度间隔，称为锻造温度范围。　　　（　　）
9. 由于冲孔锻件的局部变形量很大，为了提高塑性，防止冲裂，冲孔应在始锻温度下进行。　　　（　　）
10. 自由锻造是利用冲击力或压力使金属在上下砧面间各个方向自由变形，不受任何限制而获得所需形状及尺寸和一定力学性能锻件的一种加工方法，简称自由锻。　　　（　　）
11. 自由锻主要用于品种多、产量不大的单件小批量生产，也可用于模锻前的制坯工序。　　　（　　）

四、问答题

1. 为什么重要机器零件和工具大都采用锻件为毛坯？

2. 模锻锤与自由锻锤在结构上的差异是什么？

3. 板料冲压的基本工序主要有几种？

4. 冲孔时能否不用漏盘，直接将孔冲透？

5. 简述图 2-1 所示的板料冲压件的冲压过程。

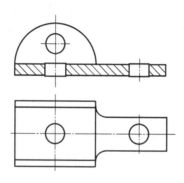

图 2-1　板料冲压件

6. 碳钢常见的加热缺陷有几种？如何防止？

7. 简述锻造对零件力学性能的影响。

8. 简述自由锻的特点。

9. 镦粗时应注意什么？

10. 指出图 2-2 所示空气锤各组成部分的名称和作用，并填写到表 2-1 中。

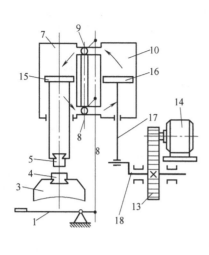

a)

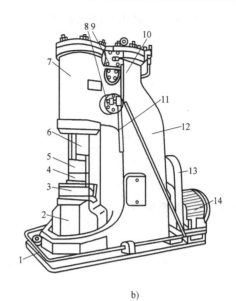

b)

图 2-2　空气锤

a）原理图　b）结构图

表 2-1　空气锤组成

序号	名　称	作用
1		
2		
3		
4		
5		
6		
7		
8		
9		
10		
11		
12		
13		
14		
15		
16		
17		
18		

11. 锻件为什么要进行热处理？

12. 什么是锻接？典型的锻接方法有哪些？

五、工艺题

1. 羊角锤自由锻工艺。

羊角锤自由锻工艺参数见表 2-2，将工艺过程填入表 2-3。

表 2-2　羊角锤自由锻工艺参数

锻件名称	羊角锤	工艺类别	手工锻
材料	中碳钢	始锻温度	1200℃
加热次数	2~3 次	终锻温度	800℃

表 2-3 工艺过程

工 件 图	坯 料 图

序号	工序名称	工序草图	工具名称

2. 传动齿轮锻件自由锻工艺。

将传动齿轮锻件自由锻工艺填入表 2-4。

表 2-4 传动齿轮锻件自由锻工艺

材料		锻造温度		加热次数		锻造设备	
锻件图				坯料图			

序号	火次	工序名称	工序简图	工具	操作说明

六、锻造创新设计及制作题

1. 自行设计锻件并填表 2-5。

表 2-5　自行设计锻件

学生创新设计零件图		工艺说明	工件选用材料：
			锻造方法：
			其他：

2. 简述自行设计锻件的加工过程。

工程训练报告3　　焊接

一、选择题

1. 气体保护电弧焊属于（　　　）。

A. 熔焊　　　　　　B. 压焊　　　　　　C. 钎焊

2. 电弧中阳极区和阴极区的温度因电极材料不同而不同。用结构钢焊条焊接钢材时，阳极区温度约为（　　　）。

A. 2600K　　　　　B. 2400K　　　　　C. 6000～8000K

3. （　　　）型交流弧焊机的结构原理属于动铁心漏磁式。

A. BX1-300　　　　B. BX31-300　　　　C. ZXG-300

4. 氧气和乙炔的混合比为（　　　）时燃烧所形成的火焰为中性焰。

A. 1.1～1.2　　　　B. 小于1.1　　　　C. 大于1.2

5. 用钢芯焊条焊接时，焊接电弧中热量最低的是（　　　）。

A. 阳极区　　　　　B. 阴极区　　　　　C. 弧柱

6. 焊条规格的表示方法是（　　　）。

A. 焊芯直径　　　　B. 焊芯长度　　　　C. 焊芯加药皮的直径

7. 正常操作时，焊接电弧长度（　　　）。

A. 约等于焊条直径的两倍　　　　　　B. 不超过焊条直径

C. 与焊件厚度相同

8. BX1-300型交流弧焊机属于动铁心漏磁式。空载电压为（　　　）伏，工作电压为30V，电流调节范围是50～300A。

A. 60～80　　　　　B. 40～60　　　　　C. 80～90

9. 在实际生产中，由于焊接结构和零件移动的限制，焊缝在空间的位置除平焊外，还有立焊、横焊、仰焊。平焊操作方便，焊缝形成条件好，其他三种焊接空间位置焊工操作比平焊困难，其中焊接条件最差的是（　　　）。

A. 立焊　　　　　　B. 横焊　　　　　　C. 仰焊

10. 金属的气割过程实质是金属在纯氧中的（　　　）过程。

A. 燃烧　　　　　　B. 熔化　　　　　　C. 切削

11. 金属的气割能够进行切割的前提条件之一是金属的导热性要（　　　）。

A. 高　　　　　　　B. 低

12. 根据具体情况的不同，气体保护焊可采用不同的气体，常用的保护气体有（　　　）。

A. 二氧化碳　　　　B. 氧气　　　　C. 乙炔

13. 钎焊是利用熔点（　　）被焊金属的钎料，将零件和钎料加热到钎料熔化，利用钎料润湿母材，填充接头间隙并与母材相互溶解和扩散而实现连接的方法。

A. 低于　　　　　　B. 高于　　　　C. 接近

14. 焊接过程中电弧将（　　）转化成热能和机械能，加热零件，使焊丝或焊条熔化并过渡到焊缝熔池中去，熔池冷却后形成一个完整的焊接接头。

A. 电能　　　　　　B. 化学能　　　C. 机械能

15. 碱性焊条多为低氢型焊条，所得焊缝冲击韧度高，力学性能好，但电弧稳定性比酸性焊条差，要采用（　　）电源施焊，多用于重要的结构钢、合金钢的焊接。

A. 直流正接　　　　B. 交流　　　　C. 直流反接

二、填空题

1. 写出图 3-1 所示焊条电弧焊过程的各部分名称。

1—＿＿＿＿＿＿＿＿
2—＿＿＿＿＿＿＿＿
3—＿＿＿＿＿＿＿＿
4—＿＿＿＿＿＿＿＿
5—＿＿＿＿＿＿＿＿

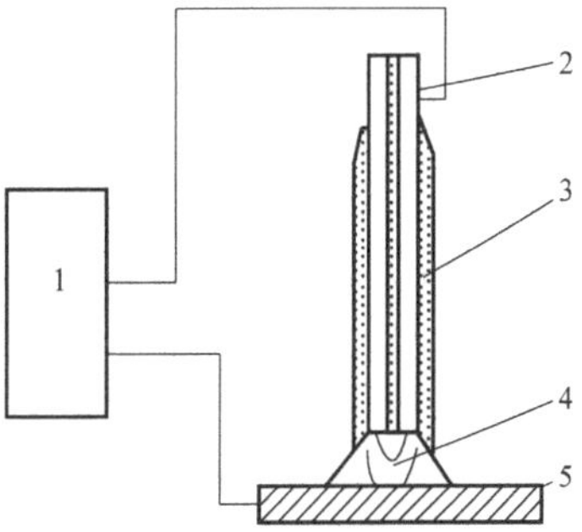

图 3-1　焊条电弧焊过程

2. 根据焊接时加热或加压情况不同，焊接可分为＿＿＿＿＿、＿＿＿＿＿和＿＿＿＿＿。

3. 焊接接头形式有＿＿＿＿＿、＿＿＿＿＿、＿＿＿＿＿和＿＿＿＿＿。

4. 焊接电弧是由＿＿＿＿＿、＿＿＿＿＿和＿＿＿＿＿组成，其中产生热量最多的是在＿＿＿＿＿区；温度最高的是＿＿＿＿＿区。

5. 实习中所使用的焊条型号是＿＿＿＿＿，直径为＿＿＿＿＿，药皮类型是＿＿＿＿＿，使用的电焊机型号是＿＿＿＿＿，焊接电流是＿＿＿＿＿。

6. 常见的焊接缺陷有＿＿＿＿＿、＿＿＿＿＿、＿＿＿＿＿、＿＿＿＿＿、＿＿＿＿＿和＿＿＿＿＿。

7. 按图 3-2 所给的焊条电弧焊示意图，填表 3-1。

表 3-1　焊条电弧焊

序号	名　称	作　用
1		
2		
3		
4		
5		
6		
7		

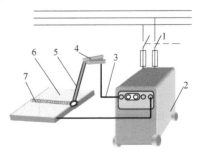

图 3-2　焊条电弧焊工作示意图

8. 根据图 3-3 所示直流电焊机的极性接法，填空。

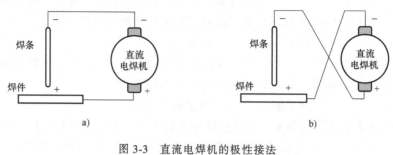

图 3-3　直流电焊机的极性接法

图 a 为＿＿＿＿＿＿接法，适用于＿＿＿＿＿＿焊接；

图 b 为＿＿＿＿＿＿接法，适用于＿＿＿＿＿＿焊接。

9. 写出图 3-4 所示的焊接接头类型。

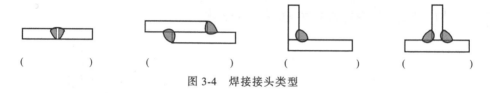

（　　　　　）　　（　　　　　）　　（　　　　　）　　（　　　　　）

图 3-4　焊接接头类型

10. 写出图 3-5 所示对接接头的坡口形状。

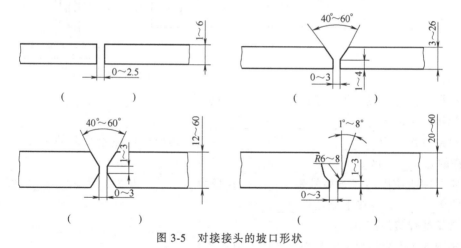

（　　　　　）　　　　　　　　（　　　　　）

（　　　　　）　　　　　　　　（　　　　　）

图 3-5　对接接头的坡口形状

11. 写出图 3-6 所示焊接的空间位置。

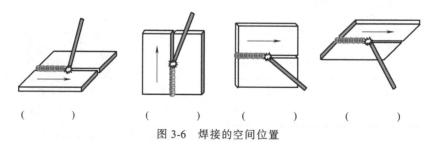

（　　　　　）　　（　　　　　）　　（　　　　　）　　（　　　　　）

图 3-6　焊接的空间位置

12. 焊条药皮的组成主要有稳弧剂、造气剂、造渣剂、脱氧剂、黏接剂和增塑剂等，其主要成分有_____、_____、_____和_____。

三、判断题

1. 必须同时加压又加热才能进行焊接。（　　）
2. 碱性焊条只适用于直流弧焊机。（　　）
3. 气焊火焰温度较低，热量分散，所以适用于焊接薄板和有色金属。（　　）
4. 碳化焰的火焰比中性焰短。（　　）
5. 焊条直径越粗，焊接电流越小。（　　）
6. 焊接速度过慢，不仅焊缝的熔深和焊缝宽度增加，薄件还易烧穿。（　　）
7. 金属的气割过程实质是金属在纯氧中的熔化，而不是燃烧。（　　）
8. 金属在切割燃烧中是吸热反应，以满足下层金属的预热。（　　）
9. 氧气和乙炔的混合比小于 1.1 时燃烧所形成的火焰是碳化焰。（　　）
10. 焊接电弧的建立称为引弧。焊条电弧焊有两种引弧方式：划擦法和直击法。（　　）
11. 钎焊是利用熔点高于被焊金属的钎料，将零件和钎料加热到钎料熔化，利用钎料润湿母材，填充接头间隙并与母材相互溶解和扩散而实现连接的方法。（　　）
12. 碱性焊条多为低氢型焊条，所得焊缝冲击韧度高，力学性能好，但电弧稳定性比酸性焊条差，要采用直流电源施焊、正接法，多用于重要的结构钢、合金钢的焊接。（　　）

四、问答题

1. 简述常用焊接方法的种类、特点及应用。

2. 常用的焊条电弧焊焊机有哪几种？说明你在实习中使用的电焊机的主要参数及其意义。

3. 标出图 3-7 所示焊条的焊芯和药皮，并说明各起什么作用。

图 3-7　焊条

4. 试述直流弧焊电弧的结构及热量、温度的分布。

5. 焊接电弧的实质是什么？为什么用直流电源进行焊接时有正接和反接的区别？

6. 气焊火焰有哪几种？各有什么特点？低碳钢、铸铁、黄铜各用哪种火焰进行焊接？

7. 标明图 3-8 中的焊接空间位置。

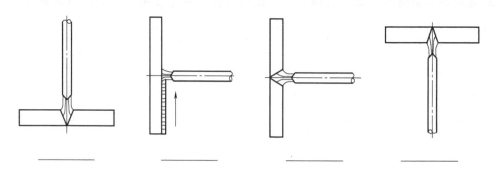

图 3-8　焊接空间位置

8. 气割的本质是什么？

9. 氧气-乙炔气割金属的条件是什么？

10. 指出如图 3-9 所示气焊设备各组成部分的名称和作用，并填入表 3-2 中。

表 3-2　气焊设备组成部分的名称和作用

序号	名　称	作　用
1		
2		
3		
4		
5		
6		
7		

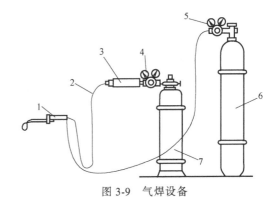

图 3-9　气焊设备

11. 如图 3-10 所示，对接水平固定位置焊条电弧焊全位置焊必须采用几种焊接空间位置才能完成焊接任务？分别说明各个位置的焊接方式。

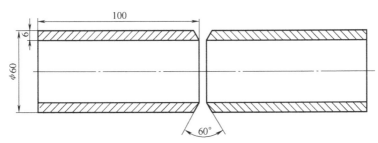

图 3-10　对接水平固定位置焊条电弧焊全位置焊

12. 简述影响焊接电流大小的因素。

五、工艺题

1. 根据图 3-11a 所示工件尺寸，说明利用气割加工的工艺过程。

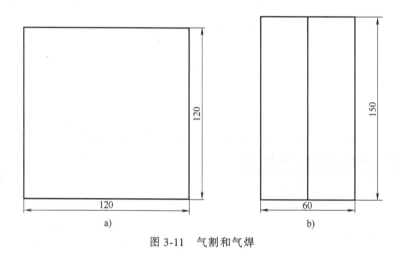

a)

b)

图 3-11 气割和气焊

2. 根据图 3-11b 所示工件尺寸，说明利用气焊加工的工艺过程。

3. 根据图 3-12 所示工件尺寸，说明利用焊条电弧焊加工的工艺过程。

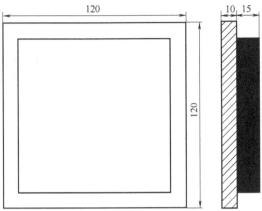

图 3-12　焊条电弧焊加工工件

六、创新设计与制作题

1. 自行设计焊接件并填入表 3-3。

表 3-3　自行设计焊接件

学生创新设计零件图		工艺说明	工件选用材料：
			焊接方法：
			其他：

2. 简述自行设计结构件的加工过程。

工程训练报告4   切削加工技术基础

学生成绩：_____   评阅教师：_____

一、选择题

1. 在工件需加工的表面上，正在被切削刃切削形成的轨迹表面是（   ）。

A. 已加工表面   B. 待加工表面   C. 加工表面

2. 切削用量对切削温度的影响中，影响最大的是（   ）。

A. 切削速度   B. 进给量   C. 背吃刀量

3. 进给运动通常是机床（   ）。

A. 切削运动中消耗功率最多的运动   B. 切削运动中速度最高的运动

C. 不断地把切削层投入切削的运动   D. 使工件或刀具进入正确加工位置的运动

4. 刀具材料的硬度必须高于工件材料的硬度，一般刀具材料在室温下应具有（   ）的硬度。

A. 30HRC   B. 60HRC   C. 90HRC

5. 一般刀具材料的硬度越高，强度就越低，材料就越（   ）。

A. 脆   B. 硬   C. 不变

6. 含钨、铬、钼、钒等元素，硬度62~70HRC，耐热度500~600℃，常用于制造形状复杂的低速铣刀，切削一般钢的合金工具钢是（   ）。

A. 立方氮化硼   B. 人造金刚石   C. 硬质合金

7. 硬质合金是由高硬度难熔金属碳化物和金属黏接剂用粉末冶金工艺制成，耐热度900~1000℃，甚至更高，硬度为（   ）。

A. 62~70HRC   B. 74~82HRC   C. 90HRC以上

8. 具有测量精度高、测量方法灵活的特点，广泛应用于加工精度要求较高的工件测量的常用量具是（   ）。

A. 钢直尺   B. 游标卡尺   C. 千分尺

9. 工件材料的强度和硬度越高，切削力就（   ）。

A. 越大   B. 越小   C. 不变

10. 合理选择切削液，可减小刀具的塑性变形和刀具与工件间的摩擦，使切削力（   ）。

A. 增大　　　　　　　　B. 减小　　　　　　　　C. 不变

11. 公差值的大小决定了工件尺寸的精确程度，公差值越小，尺寸精度（　　）。

A. 越高　　　　　　　　B. 越低　　　　　　　　C. 不变

12. 零件加工表面上具有的较小间距和峰谷所形成的微观几何形状特征称为（　　）。

A. 表面粗糙度　　　　　B. 表面加工硬化　　　　C. 表面残余应力

13. 切削过程中受表层金属塑性变形和切削温度的作用，工件切削加工后，在已加工表面会产生（　　）。

A. 表面粗糙度　　　　　B. 加工硬化　　　　　　C. 残余应力

14. 主切削刃与基面间的夹角称为（　　）。

A. 前角　　　　　　B. 后角　　　　　　C. 主偏角　　　　　　D. 刃倾角

15. 当切削速度确定后，增大进给量会使切削力增大，表面粗糙度 Ra 值（　　）。

A. 变小　　　　　　　　B. 变大　　　　　　　　C. 不变

二、填空题

1. 切削运动包括＿＿＿＿和＿＿＿＿。其中，＿＿＿＿运动消耗功率最大。

2. 切削三要素有＿＿＿＿、＿＿＿＿和＿＿＿＿。

3. 车外圆时，工件的回转运动属于＿＿＿＿，刀具沿工件轴线的纵向移动属于＿＿＿＿。

4. 在切削过程中，当系统刚性不足时，为避免振动，刀具的前角应＿＿＿＿，主偏角应＿＿＿＿。

5. 传统的切削加工可分为＿＿＿＿和＿＿＿＿两类。

6. 机械加工主要加工方式有＿＿＿＿、＿＿＿＿、＿＿＿＿、刨削和镗削等。

7. 常用刀具材料主要有＿＿＿＿、＿＿＿＿、立方氮化硼和人造金刚石等。

8. 外径千分尺是利用＿＿＿＿原理制成的量具，广泛应用于加工精度要求较高工件的测量。

9. 零件机械加工流程主要包括＿＿＿＿、＿＿＿＿、＿＿＿＿、＿＿＿＿和＿＿＿＿。

10. 零件的切削加工质量包括＿＿＿＿和＿＿＿＿两个评价指标。

11. 零件的加工精度包括＿＿＿＿、＿＿＿＿和＿＿＿＿。

12. 零件的表面质量主要包括＿＿＿＿、＿＿＿＿和＿＿＿＿。

三、判断题

1. 切削用量三个基本参数是切削速度、进给量和背吃刀量。　　　　　　　　（　　）

2. 主运动是消耗功率最大的运动，一般情况下主运动可以是两个或三个。　（　　）

3. 进给运动可以有一个或几个，运动形式有平移的、旋转的，有连续的、间歇的。

（　　）

4. 金属切削时，刀具与工件之间的相对运动包括主运动和进给运动。　　　（　　）

5. 切削加工时形成待加工表面、已加工表面和未加工表面三种表面。　　　　（　　）

6. 当粗加工、强力切削或承受冲击载荷时，要使刀具寿命延长，必须减少刀具摩擦，所以后角应取大些。　　　　（　　）

7. 刀具寿命的长短、切削效率的高低与刀具材料切削性能的优劣有关。　　　　（　　）

8. 背吃刀量增大一倍，切削力也增大一倍；当进给量增大一倍，切削力也增大一倍。
　　　　（　　）

9. 切削加工时，产生的热量越多，切削温度越高。　　　　（　　）

10. 钨钴类硬质合金（YG）因其韧性、磨削性能和导热性好，主要用于加工脆性材料、有色金属及非金属。　　　　（　　）

11. 零件表面粗糙度要求越小，加工次数越多，成本越高。　　　　（　　）

12. 高速工具钢特别适用于制造结构复杂的成形刀具。　　　　（　　）

四、问答题

1. 切削加工精度的含义是什么？切削加工精度包含哪些内容？

2. 简述刀具材料应该具有的性能。

3. 分别给出下列名词的定义：前角、后角、主偏角、副偏角、刃倾角。

4. 什么是切削用量三要素？

5. 几何公差包括哪些？为什么零件的加工尺寸要给出公差？

6. 什么是表面粗糙度？

7. 常用量具有哪些，如何正确选择和使用量具？

8. 量具使用前为什么要先调零？

9. 游标卡尺和千分尺的测量精度如何？

10. 简述游标卡尺的读数原理。

11. 简述千分尺的读数原理。

12. 简述零件的机械加工流程。

五、工艺题

1. 已知车削切削加工工件直径为 50mm，主轴转速为 765r/min，试求其切削速度，并根据计算结果完成零件的实际加工。

2. 根据图 4-1 所示游标卡尺将各部分的名称及作用填到表 4-1 中。

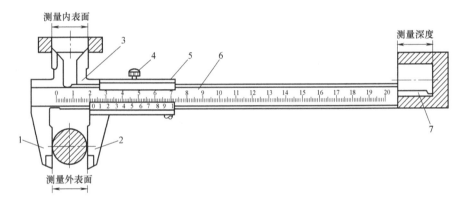

图 4-1　游标卡尺

表 4-1　游标卡尺

序号	名称	作用
1		
2		
3		
4		
5		
6		
7		

3. 根据图 4-2 所示千分尺将各部分的名称及作用填到表 4-2 中。

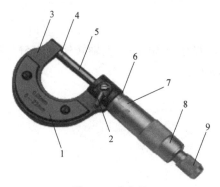

图 4-2　千分尺

表 4-2　千分尺

序号	名称	作用
1		
2		
3		
4		
5		
6		
7		
8		
9		

工程训练报告5　普通车削

学生成绩：＿＿＿＿＿＿＿＿＿　　　　　　　评阅教师：＿＿＿＿＿＿＿＿＿

一、选择题

1. 车床中把电动机的旋转运动传给主轴的部分是（　　　）。

A. 刀架　　　　　B. 交换齿轮　　　　　C. 进给箱　　　　　D. 主轴箱

2. 常用硬质合金的牌号有（　　　）。

A. 16Mn　　　　　B. YT30　　　　　C. 35　　　　　D. T8A

3. 使工件与刀具产生相对运动以进行切削的基本运动，称为（　　　）。

A. 主运动　　　　　B. 进给运动　　　　　C. 辅助运动　　　　　D. 切削运动

4. （　　　）是垂直于进给方向的待加工表面与已加工表面间的距离。

A. 切削速度　　　　　B. 进给量　　　　　C. 切削距离　　　　　D. 切削深度

5. 车削的特点是刀具沿着所要形成的工件表面，以一定的背吃刀量和（　　　）对回转工件进行切削。

A. 切削速度　　　　　B. 进给量　　　　　C. 运动　　　　　D. 方向

6. 切削液能从切削区域带走大量的（　　　），以降低刀具、工件温度，提高刀具寿命和加工质量。

A. 切屑　　　　　B. 切削热　　　　　C. 切削力　　　　　D. 振动

7. 车刀前角的主要作用是（　　　）。

A. 使切削刃锋利　　　　　　　　　　B. 改善刀具散热状况

C. 控制切屑的流向

8. 车床能够自动定心的夹具是（　　　）。

A. 单动卡盘　　　　　B. 自定心卡盘　　　　　C. 花盘

9. 车床变速和主轴变速是由（　　　）啮合传动来实现的。

A. 齿轮　　　　　B. 传动带　　　　　C. 凸轮

10. 加工细长轴要使用中心架和跟刀架，以增加工件的（　　　）刚性。

A. 工作　　　　　B. 加工　　　　　C. 回转　　　　　D. 夹装

11. 用车削的方法加工平面，主要适宜于（　　　）。

A. 轴套类零件的端面　　　　　　　　B. 窄长的平面

C. 不规则形状的平面

12. 切削用量三要素为（　　　）。

A. v_c、a_p、f 　　　　B. v_c、a_c、f 　　　　C. v_c、a_c、a_p

13. 切削运动中速度最高，消耗机床动力最大的是（　　　）。

A. 主运动 　　　　B. 进给运动

14. 车削加工长轴时选用（　　）安装。

A. 自定心卡盘 　　B. 顶尖

15. 车端面时，车刀从工件圆周表面向中心走刀，其切削速度是（　　　）。

A. 不变的 　　　　B. 逐渐增加的 　　　　C. 逐渐减少的

二、填空题

1. 机床的切削运动有_____ 和_____ 。车床上工件的旋转运动属于_____，刀具的纵向（或横向）运动属于_____运动。

2. 切削用量是指_____、_____ 和_____。它们的单位分别是_____、_____ 和_____。

3. 车削一般可达精度_____，表面粗糙度值 Ra 不高于_____。

4. 刀具切削部分的材料，要求具有_____、_____、_____、_____ 和_____等性能。

5. 图 5-1 所示为车床加工范围，请指出加工名称，并填入表 5-1 中。

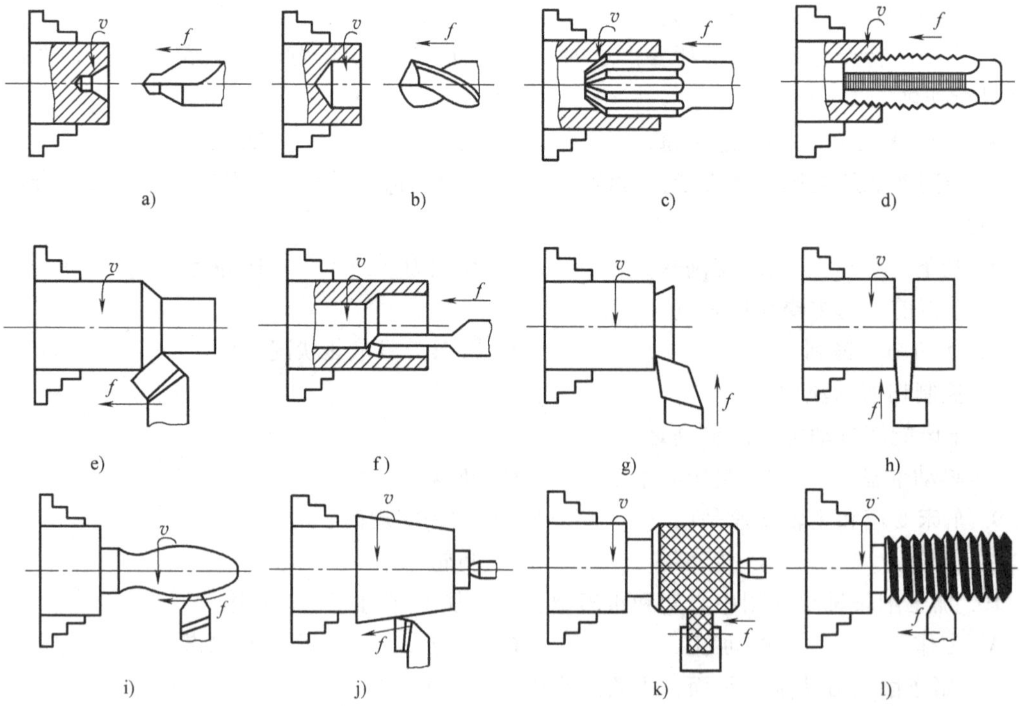

图 5-1　车床加工范围

表 5-1　车床加工名称

序号	名称	序号	名称	序号	名称	序号	名称
a)		d)		g)		j)	
b)		e)		h)		k)	
c)		f)		i)		l)	

6. 根据图 5-2 所示车床将其各部分的名称及作用填入表 5-2 中。

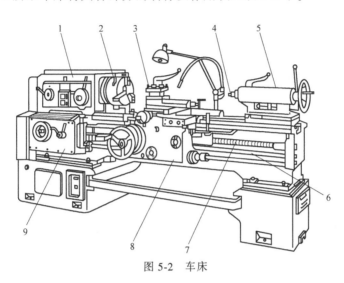

图 5-2　车床

表 5-2　车床各部分的名称及作用

序号	名称	作用
1		
2		
3		
4		
5		
6		
7		
8		
9		

7. 在普通车床上常用_____、_____、_____、_____、_____和跟刀架、心轴、花盘及弯板等附件安装工件。

8. 编号 C6132 中，C 表示_____，6 表示_____，1 表示_____，32 表示_____，实习时你使用的车床型号是_____。

9. 换刀时，刀尖应与工件轴线_____，刀杆应与工件轴线_____。

10. 车削加工常用的装卡方法为_____。

11. 由于_____，刻度盘摇过头之后，不能直接退回，而应多退回约半圈。

12. 车刀切削部分的组成是 _____、_____、_____、_____、刀尖和主后刀面。

三、判断题

1. CA6136 型车床主轴最大回转直径是 360mm。 （　　）
2. 卧式车床能加工的表面有钻孔、镗孔、铰孔、镗锥孔、车端面、切槽、车螺纹、滚花、车大锥度锥面、车小锥度锥面、钻中心孔、车成形表面、攻螺纹、倒角。 （　　）
3. 通常刀具材料的硬度越高，耐磨性越好。 （　　）
4. 车工在操作中严禁戴手套。 （　　）
5. 自定心卡盘安装工件时能自动定心，但定心精度不高。 （　　）
6. 进给量是工件每回转一分钟，车刀沿进给运动方向上的相对位移。 （　　）
7. 90°车刀（偏刀）主要用于车削工件的外圆、端面和台阶。 （　　）
8. 切削用量包括吃刀深度、进给量、切削速度。 （　　）
9. 车刀安装时，刀具的最高点应低于主轴中心。 （　　）
10. 车削加工属于精密加工。 （　　）
11. 车床的主轴转速就是车削时的切削速度。 （　　）
12. 车削端面时，由于端面直径从外到内是变化的，则切削速度也在变化。 （　　）
13. 在同样切削条件下，进给量 f 越小，则表面粗糙度值 Ra 越大。 （　　）
14. 切削运动中进给运动可以有一个，也可以有多个。 （　　）
15. 车削加工中，如刻度盘手柄转过了头，则反向将刻度盘手柄直接退到所需刻度。 （　　）

四、问答题

1. 简述车削加工。

2. 刀架由哪几部分组成？各有什么用途。

3. 卧式车床可完成哪些表面加工？车削时工件和刀具需做哪些运动？

4. YG 表示哪类硬质合金？适合加工什么材料？

5. YT 表示哪类硬质合金？适合加工什么材料？

6. 简述你在车工实习时使用过的装夹方式，以及其用途和特点。

7. 车削时，为什么一般要先车端面？在车床上钻孔前为什么也要先车端面？

8. 车削之前为什么要试切？试切的步骤有哪些？

9. 车削时为什么要将车削过程分为粗车和精车？

10. 粗车和精车时，对切削用量的选择有什么不同？

11. 车刀的切削部分由什么组成？它们的作用分别是什么？

12. 加工螺纹时能否用光杠代替丝杠进行传动？为什么？

五、工艺题

1. 台阶轴车削工艺

完成台阶轴车削工艺并填写表 5-3。

表 5-3　台阶轴车削工艺

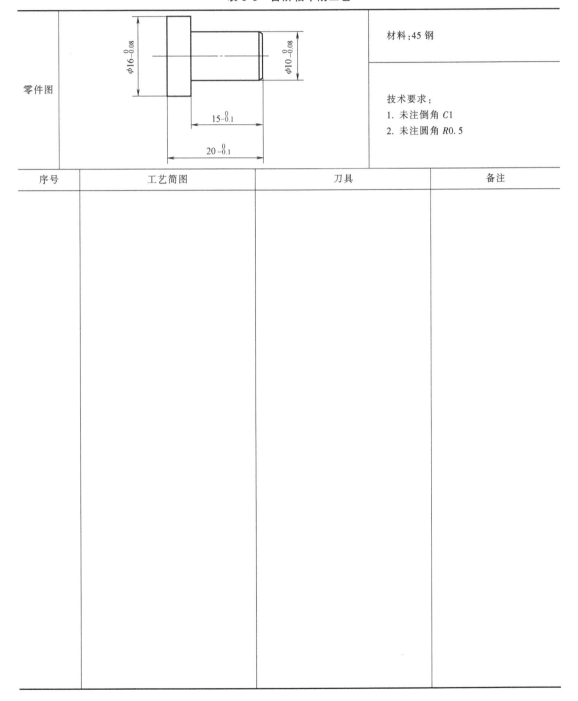

零件图	 材料：45 钢 技术要求： 1. 未注倒角 C1 2. 未注圆角 R0.5		
序号	工艺简图	刀具	备注

2. 齿轮毛坯车削工艺

完成齿轮毛坯车削工艺并填写表 5-4。

表 5-4　齿轮毛坯车削工艺

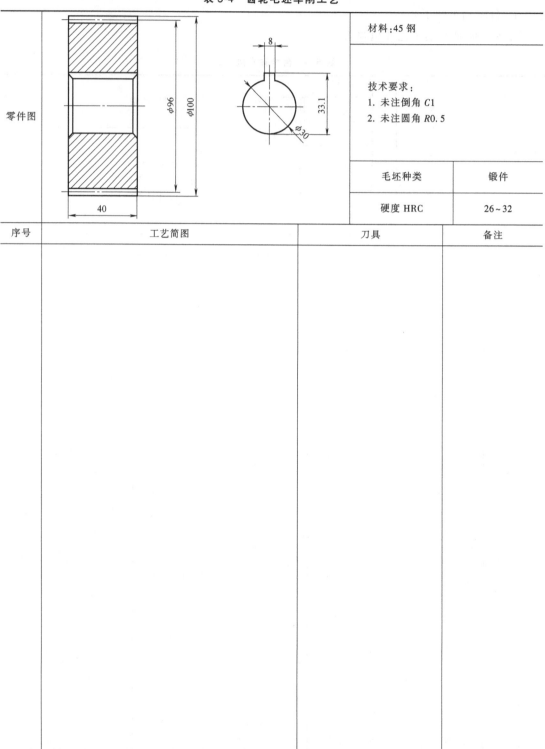

序号	工艺简图	刀具	备注

3. 锤柄车削工艺

完成锤柄车削工艺并填写表 5-5。

表 5-5　锤柄车削工艺

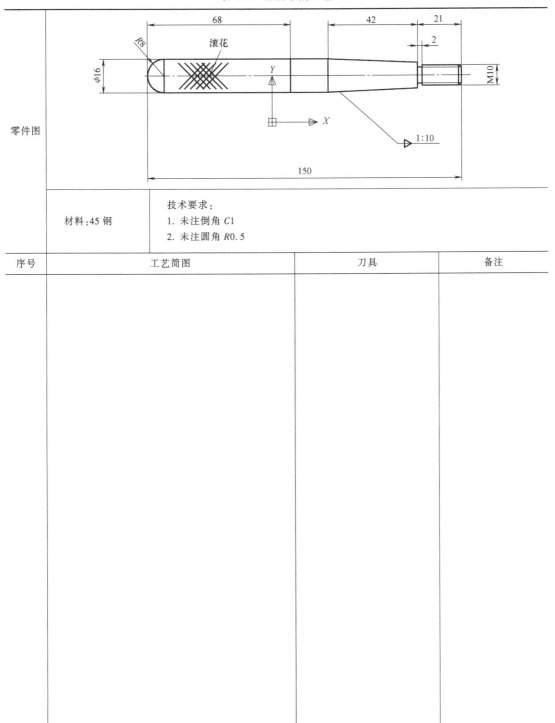

零件图			
材料:45 钢	技术要求: 1. 未注倒角 C1 2. 未注圆角 R0.5		
序号	工艺简图	刀具	备注

六、创新设计与制作题

1. 设计零件并编写工艺流程

自行设计零件并编写工艺流程见表 5-6。

表 5-6　自行设计零件及工艺流程

学生创新设计零件图			
材料：	技术要求：		
序号	工艺简图	刀具	备注

2. 在车床上车削毛坯 $\phi 40\text{mm}$ 的外圆，现在要求一次走刀切削到 $\phi 36\text{mm}$，选择切削速度 $v=120\text{m/min}$，试求切削深度及主轴转速 n，并根据计算结果进行一次实际操作，完成主轴的车削加工，验证计算结果。

工程训练报告6　　普通铣削

学生成绩：＿＿＿＿＿＿＿＿　　　　　　　评阅教师：＿＿＿＿＿＿＿＿

一、选择题

1. 铣床的主运动是（　　　）。

A. 工作台的竖直方向运动　　　　　　　B. 工作台的横向运动

C. 工作台的直线运动　　　　　　　　　D. 铣刀的旋转运动

2. 铣床的进给运动是（　　　）。

A. 工件的移动或转动　　　　　　　　　B. 刀具的移动或转动

C. 主轴的移动或转动　　　　　　　　　D. 升降台的移动或转动

3. 在铣床上能完成的工作是（　　　）。

A. 内外圆柱面的加工　　　　　　　　　B. 各种平面的加工

C. 螺纹的加工　　　　　　　　　　　　D. 圆锥面的加工

4. 下列型号的机床中，属于卧式铣床的是（　　　）。

A. X5025A　　　　　B. XKA714　　　　　C. X6132　　　　　D. TK611B

5. X6132 铣床的纵向工作台可以在（　　　）内水平旋转。

A. ±30°　　　　　B. ±45°　　　　　C. ±60°　　　　　D. 任意角度

6. 分度头的主要用途是加工（　　　）。

A. 等分零件　　　　　　　　　　　　　B. 非整圆弧表面

C. 体积小、形状较规则的零件　　　　　D. 键槽

7. 在轴上铣开口槽时应用（　　　）。

A. 三角刃盘铣刀　　B. 立铣刀　　　　C. 圆柱铣刀　　　　D. 键槽铣刀

8. 加工工件的表面粗糙度值较小时，进给量应选（　　　）。

A. 较小值　　　　　B. 较大值　　　　C. 前两者均可

9. 铣刀按照安装方法可以分为（　　　）。

A. 直柄铣刀和锥柄铣刀　　　　　　　　B. 高速工具钢铣刀和硬质合金铣刀

C. 带孔铣刀和带柄铣刀　　　　　　　　D. 圆柱铣刀、面铣刀等

10. 可以加工齿轮齿形的铣削方法有（　　　）。

A. 成形法和展成法　　　　　　　　　　B. 滚齿和和展成法

C. 插齿和和展成法　　　　　　　　　　D. 成形法和展成法

11. 镗床可以加工（　　　）。

A. 斜面　　　　　　　B. 沟槽　　　　　　　C. 镗孔　　　　　　　D. 齿轮

12. 可以实现各种空间角度加工的铣床附件是（　　　）。

A. 圆形工作台　　　　B. 万能铣头　　　　　C. 平口钳　　　　　　D. 万能分度头

13. 用万能分度头铣削等边八边形时，每次分度手柄转过的周数为（　　　）。

A. 8　　　　　　　　　B. 4　　　　　　　　　C. 6　　　　　　　　　D. 5

14. 铣床常用附件中用于安装刀具的是（　　　）。

A. 回转工作台　　　　B. 万能铣头　　　　　C 机用平口钳　　　　　D. 万能分度头

15. 铣削平面的方法分为（　　　）两类。

A. 顺铣和逆铣　　　　　　　　　　　　　B. 对称铣削和不对称铣削

C. 不对称顺铣和不对称逆铣　　　　　　　D. 周铣法和端铣法

二、填空题

1. 铣削加工的工件尺寸公差等级一般为_____，表面粗糙度 Ra 值为_____。

2. 铣床的加工范围包括_____、_____、_____、

_____、_____和_____等。

3. 卧式铣床的特点是主轴与工作台_____，立式铣床的特点是主轴 与工作台_____。

4. X6132 型铣床 X 代表_____；61 代表_____；

32 代表_____。

5. 填出图 6-1 所示卧式铣床各部分名称。

1—_____　　2—_____　　3—_____　　4—_____
5—_____　　6—_____　　7—_____　　8—_____
9—_____　　10—_____　　11—_____

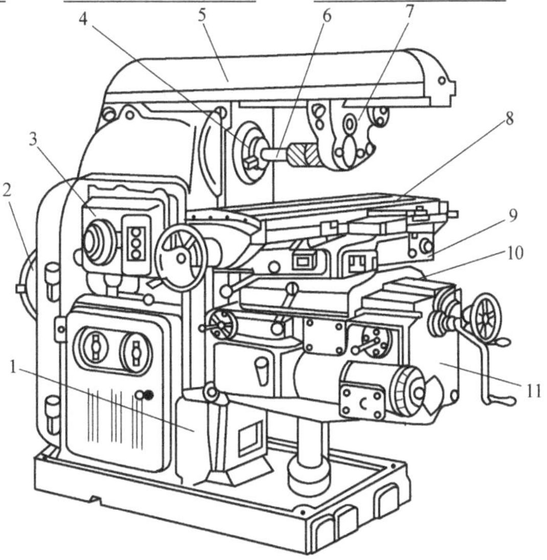

图 6-1　卧式铣床

6. 卧式万能铣床应具有的机床附件是_____、_____、_____和_____。

7. 刀具安装前，必须擦净所有的_____，以减少刀具端面的圆跳动。

8. 铣削的切削用量是指_____、_____和_____。

9. 周铣分_____和_____两种；端铣分为_____、_____和_____三种。

10. 轴上封闭键槽，一般在_____铣床上用_____铣刀加工。

11. 铣削斜面的方法有_____、_____和_____。

12. 铣刀要求具有_____、_____、_____和_____，以及_____。

三、判断题

1. 在铣床上使用铣刀对工件进行切削加工的方法称为铣削。（　　）

2. 铣床种类很多，最常用的是龙门铣床和立式铣床。（　　）

3. X6132 型铣床转台能将纵向工作台在水平面内扳转任意角度以便铣削螺旋槽。（　　）

4. 铣刀按材料不同可分为高速工具钢和工具钢两大类。（　　）

5. 回转工作台一般用作加工非整圆弧面和较大工件的分度。（　　）

6. 在铣削加工中，通常要停车对刀、开车变速。（　　）

7. 铣削深度 a_p 指垂直于铣刀轴线方向上切削层的厚度。（　　）

8. 在立式铣床上用铣刀可加工出 T 型槽。（　　）

9. 在卧式铣床和立式铣床上均可以进行平面铣削。（　　）

10. 铣削时，可采用组合铣刀同时铣削几个台阶面。（　　）

11. 铣削时顺铣加工的工件，加工精度较低。（　　）

12. 龙门铣床可对同一工件的若干表面或几个工件同时进行加工。（　　）

四、问答题

1. 铣削的加工特点是什么？

2. 什么是周铣、顺铣、逆铣？

3. 铣床铣沟槽的方法有哪几种？

4. 解释铣削速度的概念和计算方法。

5. 解释进给量的概念和表示公式。

6. 在平口钳上装夹工件时应注意什么？

7. 阐述万能分度头的分度原理。

8. 简述带孔铣刀的安装方法。

9. 用铣床铣平面的方法有哪几种？

10. 什么是端铣法？有什么优点？

11. 用铣床铣齿轮都有什么方法？并简单解释。

12. 镗孔的加工特点是什么？

五、工艺题

1. 在 X6132 型铣床上采用圆柱铣刀加工表 6-1 中零件图所示的工件，并填写其加工工艺。

表 6-1　工件铣床加工工艺

零件图				材料:45 钢
				技术要求:
序号	工步名称	工艺简图		工序内容

零件图标注：$60_{-0.2}^{0}$，$50_{-0.1}^{0}$，$20_{-0.2}^{0}$，$\perp | 0.05 | A$，$\parallel | 0.10 | A$，$\sqrt{} \ Ra\,3.2$

2. 在立式铣床上加工表 6-2 零件图所示的封闭键槽，并填写其加工工艺。

表 6-2　封闭键槽加工工艺

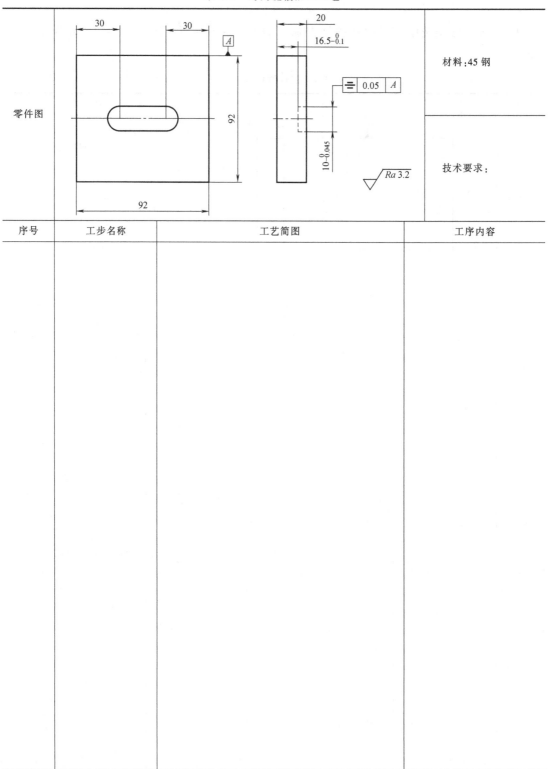

序号	工步名称	工艺简图	工序内容

3. 用卧式铣床在 60mm×50mm×20mm 的工件上加工表 6-3 中零件所示的 V 形键槽，填写其加工工艺。

表 6-3 V 形键槽

零件图			材料：45 钢
			技术要求：

序号	工步名称	工艺简图	工序内容

六、创新设计与制作题

自行设计零件并填写表 6-4。

表 6-4　自行设计零件

学生创新设计零件图		工艺说明	工件选用材料：
			加工方法：
			其他：

1. 简述自行设计铣削零件的加工工艺过程（见表 6-5）。

表 6-5　零件铣削加工工艺过程

序号	工步名称	工艺简图	工序内容

2. 简述加工自行设计的铣削零件时铣床的操作过程（从开启机床至机床关闭）。

工程训练报告7　　普通磨削

学生成绩：＿＿＿＿＿＿＿＿　　　　　　　　评阅教师：＿＿＿＿＿＿＿＿

一、选择题

1. 磨削平面时，主运动是（　　　）。

A. 砂轮的转动　　　　　　　　B. 工件的直线往复运动　　　C. 由工件和砂轮共同完成的

2. 磨削主要用于零件的（　　　）。

A. 粗加工　　　　　　　　　　B. 精加工　　　　　　　　　　C. 半精加工

3. 砂轮的硬度是指（　　　）。

A. 磨料的硬度　　　　　　　　B. 磨料从砂轮上脱落的难易程度

C. 在硬度计上打的硬度

4. 磨削各种钢材的零件，选用砂轮的磨料应是（　　　）。

A. 刚玉类　　　　　　　　　　B. 碳化硅类　　　　　　　　　C. 人造金刚石类

5. 磨削冷却液通常使用的是（　　　）。

A. 机油　　　　　　　　　　　B. 乳化液　　　　　　　　　　C. 自来水

6. 外圆磨削时，砂轮的圆周速度一般为（　　　）。

A. 5～15m/s　　　　　　　　　B. 30～35m/s　　　　　　　　　C. 60～80m/s

7. 无心磨削外圆时，工件夹持依靠（　　　）。

A. 夹头和回转顶尖　　　　　　B. 托片、导轮和砂轮　　　　　C. 两个固定顶尖

8. 薄壁套筒零件，在磨削外圆时，一般采用（　　　）。

A. 两顶尖装夹　　　　　　　　B. 卡盘装夹　　　　　　　　　C. 心轴装夹

9. 磨削粗短轴外圆时，适宜采用的磨削方法是（　　　）。

A. 纵磨法　　　　　　　　　　B. 横磨法　　　　　　　　　　C. 端磨法

10. 磨削面积较大并且要求不高的平面时，应采用（　　　）。

A. 端磨法　　　　　　　　　　B. 周磨法　　　　　　　　　　C. 纵磨法

11. 刚玉类磨料的主要化学成分是（　　　）。

A. 氮化硅　　　　　　　　　　B. 碳化硅　　　　　　　　　　C. 氧化铝

12. 磨削平面时，应以（　　　）的表面作为第一定位基准面。

A. 表面粗糙度值较小　　　　　B. 表面粗糙度值较大　　　　　C. 与表面粗糙度值无关

13. 磨削用量对表面粗糙度影响最显著的因素是（　　　）。

A. 工件线速度　　　　　　B. 砂轮线速度　　　　　C. 进给量

14. 在磨削加工中，大部分磨削热传给（　　　）。

A. 砂轮　　　　　　　　B. 机床　　　　　　C. 工件　　　　D. 磨屑

15. 砂轮的硬度是指（　　　）。

A. 砂轮表面磨粒的硬度　　　　　　　　　B. 黏合剂的硬度

C. 砂轮受切削力作用时自行脱落的难易度

二、填空题

1. 实习中操作的磨床名称是＿＿＿＿＿＿＿、型号是＿＿＿＿＿。型号中字母的含义是＿＿＿＿＿、数字的含义分别是＿＿＿＿＿＿＿＿＿＿。

2. 磨削加工能达到的公差等级为＿＿＿＿＿，表面粗糙度值 Ra 一般为＿＿＿＿＿。

3. 磨削是用＿＿＿＿＿作为刀具对工件表面进行加工的工艺。

4. 常用磨床有＿＿＿＿＿、＿＿＿＿＿、＿＿＿＿＿和工具磨床等。

5. 磨床工作台的自动纵向进给是＿＿＿＿＿传动，其优点是＿＿＿＿＿、＿＿＿＿＿和＿＿＿＿＿等。

6. 砂轮的特性取决于＿＿＿＿＿、＿＿＿＿＿、＿＿＿＿＿、＿＿＿＿＿、＿＿＿＿＿和＿＿＿＿＿等。

7. 砂轮组织结构三要素有＿＿＿＿＿、＿＿＿＿＿和＿＿＿＿＿。

8. 结合剂的代号 V 表示＿＿＿＿＿、B 表示＿＿＿＿＿、R 表示＿＿＿＿＿、M 表示＿＿＿＿＿。

9. 磨削时砂轮的转动是＿＿＿＿＿运动，纵、横向移动都是＿＿＿＿＿运动。

10. 砂轮的硬度是指＿＿＿＿＿＿＿＿＿＿＿。

11. 砂轮磨料主要有＿＿＿＿＿系列、＿＿＿＿＿系列和＿＿＿＿＿系列。

12. 平面磨削时，常用的磨削方法有＿＿＿＿＿和＿＿＿＿＿，实习时所使用的为＿＿＿＿＿。

13. 磨削时需要大量切削液的目的是＿＿＿＿＿、＿＿＿＿＿、＿＿＿＿＿和＿＿＿＿＿。

14. 磨削时常用的切削液主要是＿＿＿＿＿和＿＿＿＿＿两种，实习中使用的切削液是＿＿＿＿＿。

15. 磨削加工时，磨削较硬材料应选用＿＿＿＿＿砂轮，磨削较软材料应选用＿＿＿＿＿砂轮。

16. 磨削加工主要用于＿＿＿＿＿、＿＿＿＿＿和＿＿＿＿＿等的精加工。

17. 磨削加工的主要特点有＿＿＿＿＿、＿＿＿＿＿、＿＿＿＿＿和＿＿＿＿＿等。

18. 外圆磨削运动主要包括＿＿＿＿＿、＿＿＿＿＿和＿＿＿＿＿。

19. 砂轮的平衡分为＿＿＿＿＿平衡和＿＿＿＿＿平衡。

20. 填出图 7-1 所示平面磨床各部分的名称。

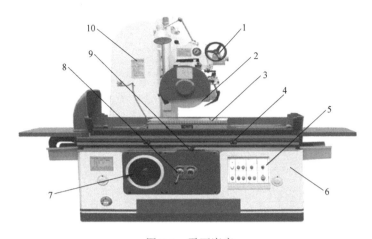

图 7-1　平面磨床

1—_____ 2—_____ 3—_____ 4—_____ 5—_____
6—_____ 7—_____ 8—_____ 9—_____ 10—_____

三、判断题

1. 磨削实际上是一种多刃刀具的超高速切削。　　　　　　　　　　　（　　）

2. 淬火后零件的后道加工，比较适宜的方法是磨削。　　　　　　　　（　　）

3. 砂轮的硬度是指磨料本身所具有的硬度。　　　　　　　　　　　　（　　）

4. 砂轮上的空隙是在制造过程中形成的，实质上在磨削时并不起作用。（　　）

5. 砂轮具有一定的自锐性，因此在磨削过程中，砂轮并不需要修整。　（　　）

6. 工件材料的硬度越高，选用的砂轮硬度越高。　　　　　　　　　　（　　）

7. 周边磨削平面，由于砂轮与工件接触面小，排屑容易，散热条件好，故能达到较高的加工精度。　　　　　　　　　　　　　　　　　　　　　　　　　　（　　）

8. 磨床工作台采用同机械传动，其优点是工作平稳、无冲击振动。　　（　　）

9. 纵向磨削可以用同一砂轮加工长度不同的工件，适用于磨削长柱和精磨。（　　）

10. 为了提高加工精度，外圆磨床上使用的顶尖都是固定顶尖。　　　（　　）

11. 纵向磨削法可以用同一砂轮加工长度不同的工件，用于单件、小批量生产。（　　）

12. 在转速不变的情况下，砂轮直径越大，切削速度越快。　　　　　（　　）

四、问答题

1. 简述磨削加工的特点和应用范围。

2. 试述周磨法和端磨法两种磨平面方法各自的优点。

3. 砂轮为什么需要平衡？如何对砂轮进行静平衡调整？

4. 简述电磁吸盘工作原理。

5. 磨平面的方法有哪些？各有什么特点？

6. 简述用金刚石笔修正砂轮的操作步骤。

7. 磨削内孔时工件的装卡方法有哪些？各用在什么场合？

8. 磨削外圆时工件的装卡方法有哪些？各用在什么场合？

9. 简述纵磨法磨外圆的操作步骤（工件已安装并且机床已经调整好）。

10. 砂轮选择的原则是什么？

11. 试述磨床的种类，并叙述各自的特点。

12. 试从刀具、机床、加工范围、加工精度和表面粗糙度等方面比较磨削加工、铣削加工和车削加工的不同之处。

五、工艺题

1. 平面磨削工艺

完成平面磨削工艺流程，见表 7-1。

表 7-1　平面磨削工艺

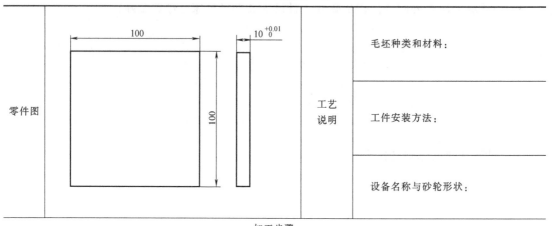

零件图		工艺说明	毛坯种类和材料：
			工件安装方法：
			设备名称与砂轮形状：

加工步骤			
序号	加工内容	工艺简图	备注

2. 外圆磨削工艺

完成外圆磨削工艺，见表7-2。

表 7-2　外圆磨削工艺

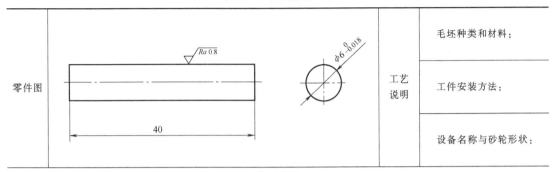

零件图		工艺说明	毛坯种类和材料：
			工件安装方法：
			设备名称与砂轮形状：

加工步骤			
序号	加工内容	工艺简图	备注

3. 内孔磨削工艺

内孔磨削工艺，见表 7-3。

表 7-3　内孔磨削工艺

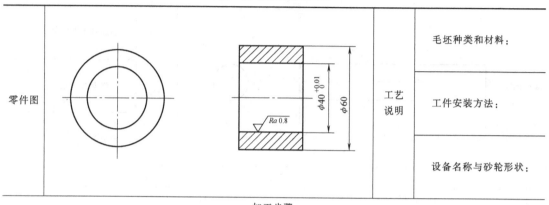

零件图		工艺说明	毛坯种类和材料：
			工件安装方法：
			设备名称与砂轮形状：

加工步骤

序号	加工内容	工艺简图	备注

六、创新设计与制作题

1. 学生创新设计零件并编写工艺流程（表 7-4）

自行设计零件并完成工艺流程，填写表 7-4。

表 7-4　自行设计零件及工艺流程

学生创新设计零件图	材料：	技术要求：	
序号	**工艺简图**	**刀具**	**备注**

2. 在平面磨床上，对一块 100mm×200mm×5mm 的 45 钢薄板进行铣磨加工。要求工件表面粗糙度为 0.6μm，平行度为 0.03mm，写出工件的实际磨削加工过程。

工程训练报告8 钳工

学生成绩：_____   评阅教师：_____

一、选择题

1. 钳工开始工作前，（   ）按规定穿戴好防护用品。

A. 不必   B. 必须   C. 用不用都可以

2. 主要从事机械设备的维护与修理工作的钳工是（   ）。

A. 普通钳工   B. 模具钳工   C. 维修钳工

3. 台虎钳夹紧工件时，只允许（   ）手柄。

A. 用手锤敲击   B. 用手扳   C. 套上长管子扳

4. 划线时，应使划线基准与（   ）一致。

A. 设计基准   B. 安装基准   C. 测量基准

5. 在毛坯上所划的线在加工中可作为（   ）。

A. 最终尺寸   B. 参考尺寸   C. 极限尺寸

6. 手用起锯的适宜角度为（   ）。

A. 0°   B. 约 15°   C. 约 30°

7. 锯条有了锯路，可使工件上的锯缝宽度（   ）锯条背部的厚度。

A. 小于   B. 等于   C. 大于

8. 平锉适宜锉削（   ）。

A. 内凹曲面   B. 平面和外曲面   C. 圆孔

9. 锉刀断面形状的选择取决于工件的（   ）。

A. 锉削表面形状   B. 锉削表面大小   C. 工件材料软硬

10. 在切削过程中，为了使钻头既能保持正确的切削方向，又能减小钻头与孔的摩擦，钻头的直径应当（   ）。

A. 向柄部逐渐减小   B. 向柄部逐渐增大   C. 保持不变

11. 钻头直径为 10mm，以 960r/min 的转速钻孔时切削速度大约是（   ）。

A. 50m/min   B. 20m/min   C. 30m/min

12. 钳工攻螺纹时，每正转一圈要倒退 1/4 圈，目的是（   ）。

A. 减少摩擦   B. 提高螺纹精度   C. 便于断屑

13. 加工塑性较好材料的内螺纹，钻螺纹底孔用的钻头直径 D 为（   ）。

A. $d-p$ B. $d-1.1p$ C. $d-0.65p$

14. 套螺纹前圆杆直径应（　　）螺纹的大径尺寸。

A. 稍大于   B. 稍小于   C. 等于   D. 大于或等于

15. 制造板牙的材料是（　　）。

A. 9SiCr   B. W18Cr4V   C. T12

二、填空题

1. 利用虎钳、各种手工工具及机械工具完成某种零件的_____，部件、机器的_____与_____，以及各类机械设备的_____与_____等的工作称为钳工。

2. 划线分_____和_____两种。

3. 锯条的规格按锯齿的齿距分为_____、_____和_____。

4. 如图 8-1 所示各断面，材料均为 45 钢。现用锯削方法锯断，试选择所用的锯条。

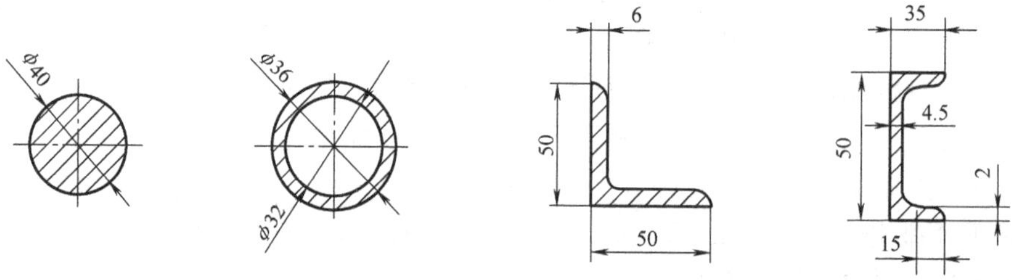

_____锯条　　　　　_____锯条　　　　　_____锯条　　　　　_____锯条

图 8-1　锯条

5. 若要锉削下列工件有阴影的表面时，应使用何种锉刀？

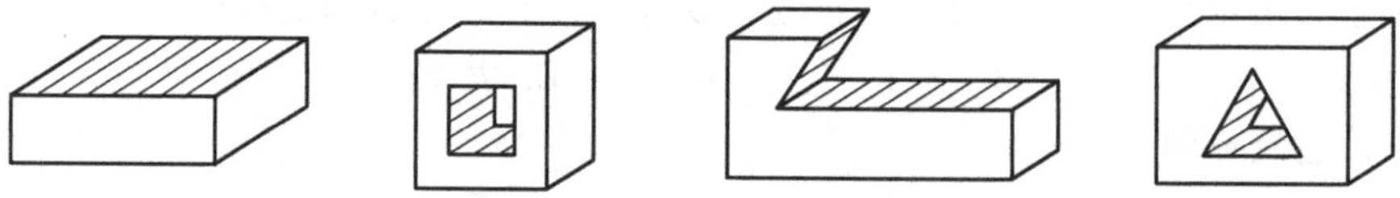

_____锉刀　　　_____锉刀　　　_____锉刀　　　_____锉刀

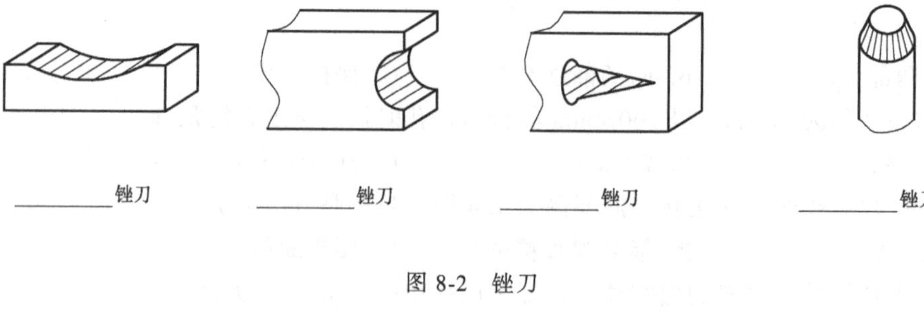

_____锉刀　　　_____锉刀　　　_____锉刀　　　_____锉刀

图 8-2　锉刀

6. 平面锉削基本的锉削方法有_____、_____和_____三种。

7. 形位公差中，∥表示_____；⊥表示_____；▱表示_____；—表示_____。

8. 钻削用量包括：_____、_____和_____。

9. 制作板牙的材料是_____；制作钻头的材料是_____。

10. 在钻床上钻孔时，钻头的旋转运动称为_____；钻头的直线运动称为_____。

11. 细牙普通螺纹外径为 16mm、螺距为 1mm，用代号_____表示。

12. 铰孔结束后，铰刀应_____退出。

三、判断题

1. 钳工是一种以手持工具对金属材料进行切削加工的方法，不久将会被淘汰。（　　）

2. 平面划线一般选一个基准，立体划线一般选两个基准。（　　）

3. 找正就是利用划线工具，使工件上有关部位处于合适的位置。（　　）

4. 手锯在回程过程中也应该施加压力，这样可加快效率。（　　）

5. 锯割 φ30 的薄壁钢管应选用粗齿锯条。（　　）

6. 钳工师傅起锯时，一般采用近起锯。（　　）

7. 锉削过程中，两手对锉刀压力的大小应保持不变。（　　）

8. 锉削时，应根据加工余量的大小，选择锉齿的粗细。（　　）

9. 用锉刀锉削工件时，允许用嘴吹锉屑，锉刀可随意放置。（　　）

10. 将要钻穿孔时应减小钻头的进给量，否则易折断钻头或卡住钻头。（　　）

11. 钻孔操作时，要穿好工作服，身体不要贴近主轴，不允许戴手套。（　　）

12. 螺纹底孔的确定与材料性质无关。（　　）

四、问答题

1. 钳工的基本操作有哪些？

2. 什么是划线？其作用是什么？

3. 什么是划线基准？

4. 起锯的方法有哪几种？注意事项是什么？起锯角度以多大为好？

5. 什么叫锯条的锯路？简述其作用。

6. 锯削过程中，锯条折断的原因有哪些？应怎样预防？

7. 锉刀的种类有哪些？普通锉刀如何分类？

8. 试述锉削时出现工件平面中间凸出的主要原因。

9. 简述锉削的安全注意事项。

10. 简述钻孔时钻头直径与钻头转速的关系。

11. 攻螺纹时出现螺孔偏斜的原因有哪些？

12. 套螺纹时出现螺纹乱扣的原因有哪些？

五、工艺题

1. 填写钣金锤加工工艺图。

完成钣金锤加工工艺，见表 8-1。

表 8-1　钣金锤加工工艺

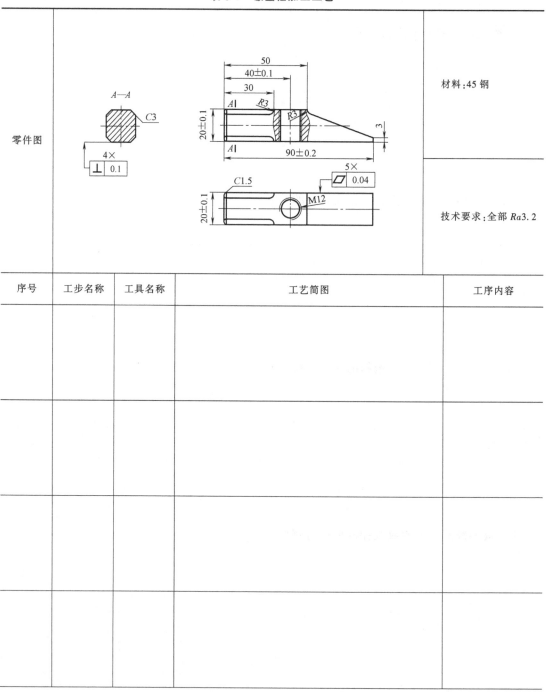

序号	工步名称	工具名称	工艺简图	工序内容

（续）

序号	工步名称	工具名称	工艺简图	工序内容

2. 填写六角锤加工工艺图

完成六角锤加工工艺，见表8-2。

表8-2　六角锤加工工艺

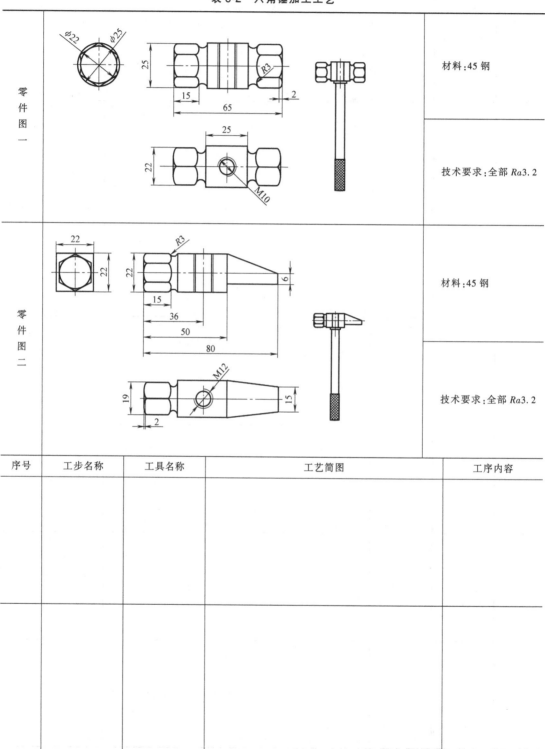

序号	工步名称	工具名称	工艺简图	工序内容

（续）

序号	工步名称	工具名称	工艺简图	工序内容

六、钳工创新设计及制作题

1. 自行设计钳工零件图并填写表 8-3。

表 8-3 钳工零件工艺

学生创新设计零件图		工艺说明	工件选用材料：
			加工方法：
			其他：

2. 简述创新件的加工过程。

工程训练报告9   钣金加工

学生成绩：＿＿＿＿＿＿＿＿＿   评阅教师：＿＿＿＿＿＿＿＿＿

一、填空题

1. ＿＿＿＿＿＿＿＿＿是通过手工操作来弯曲板料，用于单件、少量生产或机械难以成形的零件。

2. ＿＿＿＿＿＿＿＿＿是指使零件某一边变薄伸长的方法来制造曲线弯边的零件。在放边过程中，材料会冷作硬化，发现材料变硬后，要退火消除应力，否则继续锤放易打裂零件。

3. 常用的放边操作有＿＿＿＿＿＿＿＿＿、＿＿＿＿＿＿＿＿＿和＿＿＿＿＿＿＿＿＿三种。

4. 矫正是指对金属材料、型材的弯曲、＿＿＿＿＿＿＿＿＿和皱褶等变形的＿＿＿＿＿＿＿＿＿工艺。

5. 卷边分＿＿＿＿＿＿＿＿＿和＿＿＿＿＿＿＿＿＿两种。

6. 利用样板、样杆、号料草图及放样得出的数据，在板料或型钢上画出零件真实轮廓和孔口真实形状，与之连接构件的位置线、加工线等，并注出加工符号，这一工作过程称为＿＿＿＿＿＿＿＿＿。

7. 钢板弯形常用＿＿＿＿＿＿＿＿＿折弯，＿＿＿＿＿＿＿＿＿压弯和＿＿＿＿＿＿＿＿＿滚弯。

8. 作展开图的方法通常有作图法和＿＿＿＿＿＿＿＿＿法两种。作图法展开有＿＿＿＿＿＿＿＿＿法、＿＿＿＿＿＿＿＿＿法和＿＿＿＿＿＿＿＿＿法三种。

9. 钣金零件制造中划线工作主要有＿＿＿＿＿＿＿＿＿、＿＿＿＿＿＿＿＿＿和＿＿＿＿＿＿＿＿＿。

10. 基准就是零件上用来确定其他＿＿＿＿＿＿＿＿＿、＿＿＿＿＿＿＿＿＿、＿＿＿＿＿＿＿＿＿位置的依据。

11. 根据图样或利用样板、样杆等直接在＿＿＿＿＿＿＿＿＿上划出零件形状的加工界线的操作，称为＿＿＿＿＿＿＿＿＿。

12. 金属材料在外力作用下的变形可分为＿＿＿＿＿＿＿＿＿、＿＿＿＿＿＿＿＿＿、＿＿＿＿＿＿＿＿＿和＿＿＿＿＿＿＿＿＿等。

二、选择题

1. 将零件表面摊开在一个平面上的过程，称为（   ）。

A. 展开   B. 放样   C. 展开放样   D. 号料

2. （   ）可以用平行线法展开。

A. 天圆地方   B. 圆锥体   C. 棱台   D. 圆柱体

3. 实际工作中，当板料的厚度大于 （　　） mm 时，其板厚尺寸将直接影响工件表面展开的长度高度以及相贯构件的接口尺寸。

A. 0.5　　　　　　 B. 1.5　　　　　　 C. 5　　　　　　 D. 10

4. （　　） 可以用放射线法展开。

A. 椭圆锥　　　　　 B. 三棱柱　　　　　 C. 90°等径弯头　　　　　 D. 球

5. 放样时，有许多线条要划，通常是以 （　　） 开始的。

A. 垂线　　　　　 B. 平行线　　　　　 C. 基准线　　　　　 D. 倾斜线

6. 对于一般钢材，温度升高，其塑性 （　　），强度降低。

A. 降低　　　　　 B. 不变　　　　　 C. 升高

7. 薄钢板不平，火焰矫正的加热方式采用 （　　）。

A. 点状加热　　　　　 B. 线状加热　　　　　 C. 三角形加热

8. 放样划线基准，通常与 （　　） 一致。

A. 装配基准　　　　　 B. 测量基准　　　　　 C. 设计基准

9. 若形体表面的素线彼此平行，宜用 （　　） 作展开图。

A. 平行线法　　　　　 B. 放射线法　　　　　 C. 三角形法

10. 剪切机上、下切削刃间留有一定的间隙，间隙必须适当，如间隙过大会产生 （　　）。

A. 剪切力增大　　　　　 B. 工件发生翻翘　　　　　 C. 切削刃磨损

11. 展开就是将物体表面按一定的位置顺序摊展在 （　　）。

A. 同一直线上　　　　　 B. 同一平面上　　　　　 C. 同一曲面上

12. 工件弯曲时，在发生塑性变形的同时，还有 （　　） 存在。

A. 永久变形　　　　　 B. 弹性变形　　　　　 C. 惯性变形

13. 用 （　　） 方法，可以将角材料收成一个凸线弯边的工件。

A. 放边　　　　　 B. 收边　　　　　 C. 拔缘　　　　　 D. 拱曲

14. 薄钢板的手工弯曲成形有弯曲、（　　）、拔缘、拱曲、卷边、咬缝和制肋等类别。

A. 扭曲　　　　　 B. 卷曲　　　　　 C. 放边　　　　　 D. 咬曲

15. 板件变形后，弯曲部位的强度会 （　　）。

A. 增强　　　　　 B. 不变　　　　　 C. 下降　　　　　 D. 无强度

三、判断题

1. 金属板上有一块凹陷，应用铁锤在垫铁上的敲击法矫正。　　　　　　　　（　　）

2. 修理凹陷时，应该从内部开始向外压平，直到边缘。　　　　　　　　　　（　　）

3. 金属收缩时，敲击法是采用铁锤在垫铁上的方式。　　　　　　　　　　　（　　）

4. 金属板被推上去的部位称为压缩区，被拉下来的部位称为拉伸区。　　　　（　　）

5. 金属板上所有隆起处的损坏都应先进行矫正，不应该只用塑料填充剂填充。（　　）

6. 对所有的凹陷部位向上敲打并将所有的隆起部位向下敲打，最终能使金属变平。

（　　）

7. 拉伸时锤击拉伸部件是为了消除金属内部的应力。　　　　　　　　　　　（　　）

8. 使用垫铁时，垫铁表面应和加工金属表面相配合。　　　　　　（　　）

9. 凹陷拉出器是修理车身外部面板最常用、最理想的工具。　　　（　　）

10. 拉伸区的修理可以用锤子敲打，对压缩区的修理可以用垫铁敲打。（　　）

11. 薄钢板变形后中间凸起，矫正时锤击凸起部位使其平整。　　　（　　）

12. 放样时，放样基准通常与设计基准一致。　　　　　　　　　　（　　）

四、问答题

1. 钣金加工常用机械设备有哪些？

2. 钣金加工的特点是什么？试举出日常见到的钣金制品。

3. 什么是号料？

4. 钣金咬口有几种咬接方法？

5. 试述钣金加工厚度的处理方法。

6. 手工加工钣金的工具有哪些？

7. 什么叫冷作硬化？如何消除冷作硬化？

8. 对于中间或一处凸起变形的薄板钢如何进行矫正？

9. 钢材矫正有哪几种方法？

10. 放样基准有哪几种类型？

11. 什么是矫正？

12. 平行线展开法原理是什么？

五、绘制图 9-1 所示天圆地方管件（底边长度为 60mm，圆直径为 35mm，高度为 45mm）**的展开图。**

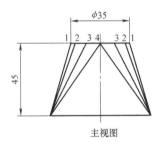

主视图

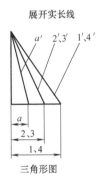

三角形图

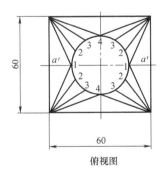

俯视图

图 9-1　天圆地方管件视图

六、工艺题

填写撮子加工工艺图。完成撮子加工工艺，见表 9-1。

表 9-1 撮子加工工艺

| 零件图 | | 材料： |
| | | 技术要求： |

序号	工步名称	工具名称	工艺简图	工序内容

七、钣金创新设计及制作题

自行设计钣金零件工艺，并填写表 9-2。

表 9-2 自行设计钣金零件工艺

学生创新设计零件图		工艺说明	工件选用材料：
			加工方法：
			其他：
设计与制作说明			

工程训练报告10 管工

学生成绩：＿＿＿＿＿＿＿＿＿　　　　　　　评阅教师：＿＿＿＿＿＿＿＿＿

一、填空题

1. 常用钢管包括＿＿＿＿＿＿和＿＿＿＿＿＿。
2. 物体的＿＿＿＿＿叫作物体的温度，物体温度越高表示物体内部所含的＿＿＿＿＿越多。
3. 管道的连接方法有＿＿＿＿＿＿、＿＿＿＿＿＿、＿＿＿＿＿＿、＿＿＿＿＿＿、粘胶连接和承插连接等。
4. 1in⊖的管子加工 1in 长的螺纹是＿＿＿＿＿＿扣。
5. PPR 管中，＿＿＿＿＿＿管用蓝色线标记，＿＿＿＿＿＿管用红色线标记。
6. 基本传热过程可分为＿＿＿＿＿＿、＿＿＿＿＿＿和＿＿＿＿＿＿。
7. 管螺纹标注用字母＿＿＿＿＿＿表示，1 英寸等于＿＿＿＿＿＿mm。
8. 1/2in 是＿＿＿＿＿＿分管，3/4in 是＿＿＿＿＿＿分管。
9. 热水供应系统由＿＿＿＿＿＿、＿＿＿＿＿＿和＿＿＿＿＿＿组成。
10. 在阀门的型号 Z45W-1.0 中，Z 表示＿＿＿＿＿＿，1.0 表示公称压力为＿＿＿＿＿＿。
11. 物质由液态变成气态的过程称为汽化，汽化是个＿＿＿＿＿＿过程。
12. 低温管道是指工作温度低于＿＿＿＿＿＿℃的管道。

二、选择题

1. 管道施工图中，主要管线常用（　　　）来表示。

A. 粗实线　　　　　　B. 细实线　　　　　　C. 细点画线　　　　　　D. 波浪线

2. 展开放样就是用（　　　）的比例放出管配件的实样。

A. 2：1　　　　　　B. 1：2　　　　　　C. 1：1　　　　　　D. 10：1

3. 1MPa 等于（　　　）Pa。

A. 10　　　　　　B. 10^2　　　　　　C. 10^3　　　　　　D. 10^6

4. 普通无缝钢管一般由（　　　）制成。

A. Q235　　　　　　B. 10钢、20钢　　　　　　C. 合金钢　　　　　　D. 不锈钢

⊖　1in＝2.54cm。

5. 根据国家标准规定，热水管的规定代号为（　　　）。

A. R　　　　　　　　B. S　　　　　　　　C. X　　　　　　　　D. H

6. 聚四氟乙烯生料带用作（　　　）连接的管道的密封材料。

A. 螺纹　　　　　　　B. 法兰　　　　　　　C. 承插　　　　　　　D. 焊接

7. 焊接三通展时，展开图的横向长度应为（　　　）。

A. $2\pi D$　　　　　　B. πD　　　　　　　C. $\pi d/2$　　　　　　D. π

8. 在阀门型号 X13W-6 中，1 表示（　　　）。

A. 内螺纹连接　　　B. 外螺纹连接　　　C. 法兰连接　　　　D. 焊接

9. 某钢管的尺寸规格为 D57×3，其流通直径为（　　　）mm。

A. $\phi 57$　　　　　　B. $\phi 54$　　　　　　C. $\phi 51$　　　　　　D. $\phi 50$

10. 螺纹连接时，如下操作要求不正确的是（　　　）。

A. 管钳合适　　　　　　　　　　　B. 填料逆时针缠绕

C. 管钳不可过分用力，以防打滑或损坏　　D. 不允许倒拧找正

11. 碳素钢管道螺纹连接时，螺纹拧紧后密封填料不得挤入管内，露出螺纹尾以（　　　）扣为宜。

A. 5　　　　　　　　　B. 4　　　　　　　　　C. 3　　　　　　　　　D. 1~2

12. 手工套螺纹时，对于 DN50 以上的管子要分成（　　　）套成。

A. 1 次　　　　　　　B. 2 次　　　　　　　C. 3 次　　　　　　　D. 5 次

13. 阀门长期关闭，由于锈蚀不能开启，开启此类阀门应采取（　　　）方法使阀杆和盖母（或法兰压盖）之间产生微量间隙。

A. 振打　　　　　　　　　　　　　B. 扳手或管钳转动手轮

C. 加热　　　　　　　　　　　　　D. 采用专业工具

14. 割管器的切管范围是（　　　）。

A. 管径 50mm 以内　　B. 管径 70mm 以内　　C. 管径 100mm 以内

15. 法兰盘连接时，拧紧螺栓的顺序是（　　　）。

A. 按顺序拧紧　　　　B. 无顺序拧紧　　　　C. 从对角线上均匀对称拧紧

三、判断题

1. 流速与流量的关系是二者成正比关系。　　　　　　　　　　　　　　　（　　　）

2. PP-R 管道不适合作为室内辐射采暖系统的加热管，因为 PPR 管道不能进行加热。

（　　　）

3. 使用管钳子时，在手柄处加上套管，既省力又能更好地保证安全。　　　（　　　）

4. 公称直径是指管子的实际外径，一般用符号 DN 表示。　　　　　　　　（　　　）

5. 安装法兰时，可用强紧螺栓的方法消除斜歪。　　　　　　　　　　　　（　　　）

6. 管道安装的一般顺序是：先装地下；先装大管道，后装小管道；先装支吊架，后装管道。　　　　　　　　　　　　　　　　　　　　　　　　　　　　　　　（　　　）

7. 用台虎钳夹持较长的管子时，必须将管子另一端伸出部分支承好，防止发生伤亡事故。　　　　　　　　　　　　　　　　　　　　　　　　　　　　　　　　（　　　）

8. 管段为螺纹连接时，两内螺纹管件间的管段预制长度应为测得的两管件间距减去拧入两端管件内螺纹部分的总长度。 （　　）

9. 钢材抵抗外力破坏作用的最大能力，称为材料的强度极限。 （　　）

10. 阀门的类别用汉语拼音字母表示，如闸阀代号为"G"。 （　　）

11. 公称直径的英制和公制的换算关系是：1in＝20mm。 （　　）

12. 攻螺纹板的结构特点是：在攻螺纹完成后可以逆时针转动。 （　　）

四、问答题

1. 什么是管子和管道附件的公称直径，用什么符号表示？列出 150mm 以下常用的公称直径。

2. 用手锯怎样锯管子？

3. 管道的连接方式有哪些？

4. 什么是公称直径？

5. 简述螺纹连接的注意事项。

6. 简述管材套丝过程及注意事项。

7. 简述 PP-R 管的特点。

8. 简述 PP-R 管的主要用途。

9. PP-R 管采用热熔连接，有哪些注意事项。

10. 试画出 90°三节虾米腰弯头展开图。

11. 试画出 75°斜交三通管 $\phi30mm$ 的展开图。

五、填写管连接加工工艺图

完成管连接加工工艺，并填写表 10-1。

表 10-1　管连接加工工艺

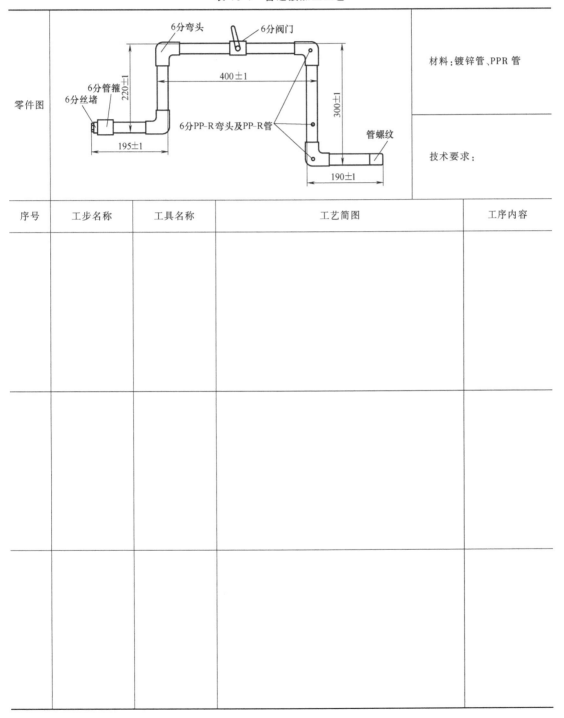

序号	工步名称	工具名称	工艺简图	工序内容

六、管工创新设计及制作题

自行设计管工零件并完成工艺流程，见表 10-2。

表 10-2　自行设计管工零件及工艺

学生创新设计零件图		工艺说明	工件选用材料：
			加工方法：
			其他：
设计与制作说明			

工程训练报告11 装配

学生成绩：_____   评阅教师：_____

一、填空题

1. 总装配就是将若干个_____、_____、_____安装在另一个较大、较重的基础零件上而构成功能完善产品的过程。

2. 装配的方法有_____、_____、_____和_____。

3. 机械零件清洗时常用的清洗剂有_____、_____、_____和_____等。

4. 常用的机械拆卸方法有_____、_____、_____、_____和_____。

5. 基准制可以分为_____和_____。选择基准制时，应优先选用_____。

6. 根据轴承与轴工作表面间摩擦性质的不同，轴承可分为_____和_____两大类。

7. 部件装配程序的基本原则为_____、_____、由主动到被动。

8. 机械设备中常用的润滑剂有_____、_____和_____。

9. 表示装配单元的装配先后顺序的图称为_____。

10. 在同一类零件中任取一件都无需经过其他加工就可以装配成规定要求的部件或机器。零件的这种性能称为_____。

11. 滚动轴承的游隙是指将轴承的套圈固定，另一个套圈沿径向或轴向的最大活动量。它分为_____和_____两种。

12. 装配过程中，把一些影响某一装配精度的有关尺寸按一定的顺序连接成一个封闭图形，这就是_____。组成尺寸链的各个尺寸简称为环，它包括_____、_____和____。

二、选择题

1. 装配精度完全依赖于零件加工精度的装配方法是（   ）。

A. 完全互换法   B. 修配法   C. 选配法

2. 在拧紧圆形或方形布置的成组螺钉时，必须（   ）。

A. 对称地进行   B. 从两边开始对称地进行

C. 从外到里

3. 零件的加工精度对装配精度（   ）。

A. 有直接影响　　　　B. 无直接影响　　　　C. 可能有影响　　　　D. 可能无影响

4. 按规定的技术要求，将若干零件结合成部件或若干个零件和部件结合成机器的过程称为（　　　）。

A. 装配　　　　B. 装配工艺过程　　　　C. 装配工艺规程　　　　D. 装配工序

5. 产品装配的常用方法有完全互换装配法、（　　　）、修配装配法和调整装配法。

A. 选择装配法　　　　B. 直接装配法　　　　C. 分组装配法　　　　D. 互换装配法

6. 在拧紧圆形或方形布置的成组螺母时，必须（　　　）。

A. 对称地进行　　　　　　　　　　B. 从两边开始对称地进行

C. 从外到里　　　　　　　　　　　D. 无序

7. 在装配过程中，确定装配方法和装配顺序属于（　　　）。

A. 装配前的准备工作　　　　　　　B. 装配工作

C. 装配组织形式　　　　　　　　　D. 装配工艺

8. 螺纹连接为了达到可靠而坚固的目的，必须保证螺纹副具有一定的（　　　）。

A. 摩擦力矩　　　　B. 拧紧力矩　　　　C. 预紧力

9. 将零件的制造精度适当放宽，然后选取其中尺寸相当的零件进行装配，以达到配合要求的装配方法称为（　　　）。

A. 互换装配法　　　　B. 选配法　　　　C. 调整装配法　　　　D. 修配装配法

10. 下列齿轮的基本参数中，用 m 来表示的是（　　　）。

A. 齿形角　　　　B. 齿数　　　　C. 模数　　　　D. 齿顶高系数

11. 键连接配合的主要参数为键宽，采用（　　　）。

A. 较松连接　　　　B. 一般连接　　　　C. 较紧连接　　　　D. 基轴制配合

12. 立式钻床的主要部件包括主轴变速箱、（　　　）、主轴和进给手柄。

A. 进给机构　　　　B. 操纵机构　　　　C. 进给变速箱　　　　D. 升降机构

13. 滑动轴承按载荷方向分类，不包括（　　　）。

A. 径向轴承　　　　B. 止推轴承　　　　C. 轴向轴承　　　　D. 径向止推轴承

14. 带传动在中心距不能调整时，可（　　　）张紧。

A. 更换带　　　　B. 自动　　　　C. 用张紧轮　　　　D. 截去一段

15. 关于齿轮传动的特点，下列说法正确的是（　　　）。

A. 传动比恒定　　　　B. 变速范围小　　　　C. 传动效率低　　　　D. 使用寿命短

三、判断题

1. 装配时，调整一个或几个零件的位置以消除零件间的累积误差以达到装配要求的装配方法，称为调整装配法。　　　　　　　　　　　　　　　　　　　　　（　　　）

2. 对零件进行测绘时，有配合关系尺寸的配合性质需查阅有关手册确定。　（　　　）

3. 装配楔键时，要用涂色法检查楔键上下表面与轴槽或轮毂槽的接触情况，若发现接触不良，可用锉刀、刮刀进行修整。　　　　　　　　　　　　　　　　　（　　　）

4. 对滚动轴承预紧，能提高轴承的旋转精度和寿命，减小振动。　　　（　　　）

5. 蜗杆与蜗轮的轴心线相互间有平行关系。　　　　　　　　　　　　（　　　）

6. 根据截面形状不同，可将普通平键分为 A 型、B 型和 C 型三种。　　　（　　）

7. 齿轮传动的传动比是从动齿轮与主动齿轮的角速度（或转速）比值。　　（　　）

8. 液压传动的工作原理是：以液压油为工作介质，依靠密封容器体积的变化来传递运动，依靠液压油内部的压力传递动力。　　　　　　　　　　　　　　　　　　（　　）

9. 在内燃机中，应用曲柄滑块机构，可将往复直线运动转化为旋转运动。　（　　）

10. 液压系统一般由动力部分、执行部分、控制部分和辅助装置组成。　　　（　　）

11. 圆锥销装配后，要求销头大端有少量露出孔表面，小端不允许露出孔外。　（　　）

12. 某些零、部件质量不高，装配时虽然经过仔细修配和测量，也绝不能装配出性能良好的产品。　　　　　　　　　　　　　　　　　　　　　　　　　　　　　　（　　）

四、问答题

1. 机械装配方法有哪几种？各用于什么场合？

2. 简述装配的基本原则。

3. 什么是配合？什么是间隙配合、过盈配合、过渡配合？

4. 什么是基孔、基轴制？各用什么代号表示？

5. 试述齿轮传动机构的装配技术要求。

6. 简述双头螺栓的拧紧方法和装配要点。

7. 简述机械拆卸的一般规则。

8. 简述齿轮传动的装配技术要求。

9. 滚动轴承按承受载荷方向分类可分为哪几类？

10. 什么是装配？举例说明什么是组件装配、部件装配和总装配。

11. 拆、卸机器的基本要求有哪些？

12. 试画出减速器的系统装配图。

五、工艺题

1. 绘制齿轮二级减速器装配图。

2. 测绘齿轮二级减速器主动轴（要求：图中要有公差、材料、热处理方法）。

3. 绘制蜗轮蜗杆减速器装配图。

六、装配创新设计及制作题

自行设计零件装配图，填入表 11-1。

表 11-1　自行设计零件装配图

学生创新设计装配图		工艺说明	工件选用材料：
			加工方法：
			其他：
设计与制作说明			

工程训练报告12 数控车削

学生成绩：_____   评阅教师：_____

一、选择题

1. 数控机床出现报警信息，问题解决后，使数控系统复位的功能键是（　　）。

A. OFS/SET   B. MESSAGE   C. RESET   D. DELETE

2. 圆弧插补方向（顺时针和逆时针）的规定与（　　）有关。

A. X 轴   B. Z 轴   C. 不在圆弧平面内的坐标轴

3. 当机床处于 600r/min 的转速时，进给量 0.2mm/r 与 120mm/min 相比较，（　　）。

A. 0.2mm/r 大   B. 两者相等   C. 120mm/min 大   D. 无法比较

4. G02 X40.0 W-5.0 R5.0 指令表示（　　）。

A. 刀具定位   B. 车削圆弧   C. 螺纹切削   D. 主轴正转

5. 数控车床安全操作规程中，要求回零操作一定要先回（　　）轴。

A. X B. Y C. Z

6. 数控车床程序编辑功能键是（　　）。

A. POS   B. OFS/SET   C. CSTM/GR   D. PROG

7. 数控车床能进行螺纹加工，其主轴上一定安装了（　　）。

A. 测速发电机   B. 脉冲编码器   C. 温度控制器   D. 光电管

8. 数控车床坐标系功能键是（　　）。

A. POS   B. OFS/SET   C. CSTM/GR   D. PROG

9. 车削循环指令中，属于单一固定循环的是（　　）。

A. G71   B. G90   C. G73

10. 在 G 代码中，（　　）是螺纹切削循环指令。

A. G03   B. G71   C. G70   D. G92

11. T0305 中的 03 的含义是（　　）。

A. 刀具号   B. 刀偏号   C. 刀具长度补偿   D. 刀补号

12. 下列 G 指令中，哪项是非模态指令（　　）。

A. G00   B. G01   C. G02   D. G04

13. 辅助功能中，程序结束的 M 指令是（　　）。

A. M08   B. M03   C. M05   D. M30

14. HTC2050 数控车床刀架移动方向为 (　　)。

A. X、Z 向　　　　B. X、Y 向　　　　C. Y、Z 向　　　　D. X、Y、Z 向

15. 在"机床锁定"方式下进行自动运行,(　　) 功能被锁定。

A. 进给　　　　B. 刀架转位　　　　C. 主轴　　　　D. 冷却

二、填空题

1. 实习中,HTC2050 数控车床 F 功能的默认单位为 (　　),XKA714 铣床的默认单位为 (　　)。

2. 圆弧插补指令 G03 X____ Z____ R____ 中,X、Z 后的值表示圆弧的_____。

3. "G01 U5 W10;"属于_____编程方式,"G00 X5 Z10;"属于_____编程方式。

4. "CNC"的含义是_____。

5. 数控车床进行"回零"操作时,应该先回____轴,再回_____轴。

6. 对刀的作用是使_____点与_____点重合,并确定刀具偏移量的操作过程。

7. 数控车床的标准坐标系是_____坐标系,刀具远离工件的方向为_____方向。

8. 数控加工的编程方法主要有_____和_____,数控车床常采用_____。

9. 根据 HTC2050 数控车床的结构图 (见图 12-1),指明各主要部件的名称。

1—_____

2—_____

3—_____

4—_____

5—_____

6—_____

7—_____

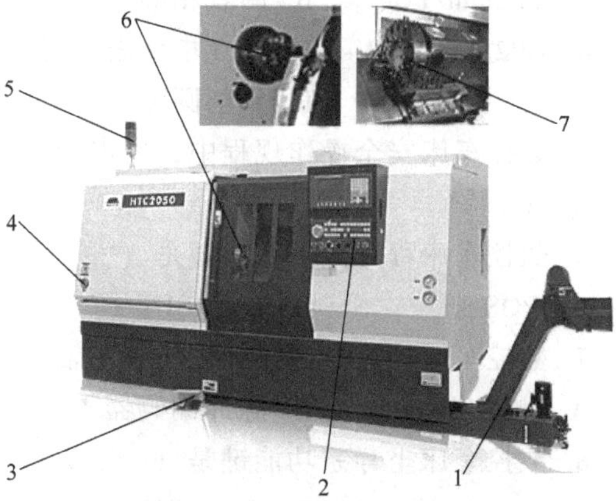

图 12-1　HTC2050 数控车床

10. HTC2050 数控车床属于_____床身_____刀架数控车床。

11. 数控车床使用的机夹车刀一般由_____、_____、_____和_____组成。

12. 数控车床编程指令 T0305 中 03 的含义是_____,05 的含义是_____。

三、判断题

1. 数控车床关机前应将刀盘移动到机床原点位置。　　　　　　　　　　　　(　　)

2. 数控车削加工过程中若出现意外,应立即按下"急停"按钮。　　　　　　(　　)

3. 螺纹车削指令中的"F"代表螺距。　　　　　　　　　　　　（　　）

4. 世界上第一台数控机床是数控车床。　　　　　　　　　　　（　　）

5. 数控机床回参考点的作用是建立工件坐标系。　　　　　　　（　　）

6. 数控车床坐标系一般为 XOY 坐标系。　　　　　　　　　　（　　）

7. 程序中只要出现一次 G01，以后便可以不再写 G01 了。　　　（　　）

8. 程序模拟后，没有报警信息，即表示该程序无误。　　　　　（　　）

9. 手动输入（MDI）方式输入程序后，系统会自动对其进行保存。（　　）

10. 由于车刀的刀尖半径较小，所以数控车床编程时刀具半径补偿可以忽略。（　　）

11. 数控车床型号 HTC2050 中的 50 指的是车床可加工工件最大长度为 500mm。（　　）

12. 数控车床比较适合车削精度较高，表面质量好，轮廓形状复杂，或带有一些特殊类型螺纹的零件。　　　　　　　　　　　　　　　　　　　　　　　　　　　　（　　）

四、问答题

1. HTC2050 数控车床与 CA6136 普通车床相比有哪些结构特点？

2. 简述数控车床的编程步骤。

3. 数控车床的编程原点怎样确立？

4. 什么是绝对坐标编程？什么是增量坐标编程？

5. 车削圆弧指令 G02 与 G03 有何区别，使用时怎样判定？

6. 数控车床回参考点的步骤有哪些？有什么注意事项？

7. 数控车床如何校验已经编写好的程序？程序校验时，若出现错误信息怎样处理？

8. 数控车床对刀步骤有哪些？有何注意事项？

9. 什么是模态指令与非模态指令？请举例说明。

10. 数控车削编程时，如何确立螺纹车削的起点与终点？

11. 数控车床编程常用的 G 指令有哪些？使用格式是什么？试列举出三个。

12. 什么是机床零点？什么是工件零点、换刀点和起刀点？

五、编程题

1. 已知工件毛坯为 φ25mm×40mm 尼龙棒，试编写图 12-2 所示零件的 NC 加工程序。

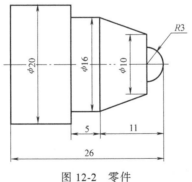

图 12-2　零件

2. 已知毛坯为 φ30mm×40mm 的铝棒，试编写图 12-3 所示零件的 NC 加工程序。

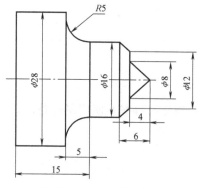

图 12-3　加工零件（一）

3. 已知毛坯为 φ32mm×60mm 的钢棒，试编写图 12-4 所示零件的 NC 加工程序。

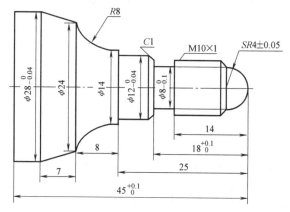

图 12-4　加工零件（二）

六、创新训练题

1. 已知毛坯为 φ40mm×60mm 的尼龙棒，应用所学 FANUC 0i 系统数控车床基本编程指令和程序格式，自行设计一个回转体零件，并选择合适的刀具和工艺参数为其编写粗、精车加工程序。已知：1 号刀为外圆刀，2 号刀为切槽刀，3 号刀为螺纹刀。

2. 已知毛坯为 ϕ30mm×50mm 的铝棒，应用所学 FANUC 0i 系统数控车床基本编程指令和程序格式，自行设计一个外部轮廓包含直线、圆弧以及螺纹特征的回转体零件，并选择合适的刀具和工艺参数为其编写粗、精车加工程序。已知：1 号刀为外圆刀，2 号刀为切槽刀，3 号刀为螺纹刀。必要时可使用循环指令编程。

3. 自行选择毛坯（材料和尺寸），自行设计绘制图案及尺寸，选择合理的刀具及工艺参数并编写 NC 程序。已知：1 号刀为外圆刀，2 号刀为切槽刀，3 号刀为螺纹刀。

工程训练报告13 数控铣削

学生成绩：＿＿＿＿＿＿＿　　　　　　评阅教师：＿＿＿＿＿＿＿

一、选择题

1. 数控铣实习环节中，图形模拟检验程序的功能键是（　　）。

A. OFS/SET　　　　B. CSTM/GR　　　　C. RESET　　　　D. OFS/SET

2. 数控机床加工调试过程中，遇到问题需要停机应先停止（　　）。

A. 冷却液　　　　B. 主运动　　　　C. 进给运动　　　　D. 辅助运动

3. XKA714 数控铣床工作台是通过（　　）传动来获得纵向进给的。

A. 蜗杆副　　　　B. 齿轮齿条副　　　　C. 丝杠螺母副　　　　D. 同步带

4. 数控系统长期不用是不可取的，如长期不用，最重要的日常维护工作是（　　）。

A. 清洁　　　　B. 干燥　　　　C. 通电　　　　D. 润滑

5. 数控编程时，应首先设定（　　）。

A. 机床原点　　　　B. 固定参考点　　　　C. 机床坐标系　　　　D. 工件坐标系

6. 设"G01 X20. Z5. F100;"为当前语句，执行下一条语句"G91 G01 Z15. ;"后，Z 轴正方向的实际移动量为（　　）。

A. 10mm　　　　B. 20mm　　　　C. 15mm　　　　D. 25mm

7. G55 与（　　）代码功能相同。

A. G92　　　　B. G50　　　　C. G59　　　　D. G01

8. 语句"G02 X30. Y30. R-10. F50;"所加工的圆弧是（　　）。

A. 360°＞夹角≥180°　　　B. 夹角＜180°　　　C. 整圆

9. 取消刀具半径补偿应采用（　　）指令。

A. G40　　　　B. G41　　　　C. G42　　　　D. G43

10. 程序检验中图形显示功能可以（　　）。

A. 检测程序轨迹的正确性　　　　　　　　B. 检验工件原点位置

C. 检验零件的精度　　　　　　　　　　　D. 检验对刀误差

11. 数控铣床安全操作规程中，要求回零操作一定要先回（　　）轴。

A. X　　　　B. Y　　　　C. Z

12. 用立铣刀逆时针加工圆孔时，刀具半径补偿应采用（　　）。

A. G40　　　　B. G41　　　　C. G42　　　　D. G43

13. 数控铣床面板中用于刀具偏置参数设置的功能键是（　　）。

A. POS　　　　　　　　B. OFS/SET　　　　　C. CSTM/GR　　　D. PROG

14. G02 X30. Y30. R-10. F50；所加工的圆弧是（　　）。

A. 夹角≥180°　　　　　B. 夹角<180°　　　　C. 整圆

15. 用立铣刀顺时针加工圆孔时，刀具半径补偿应采用（　　）。

A. G40　　　　　　　　B. G41　　　　　　　C. G42　　　　　D. G43

16. 数控铣床坐标功能键是（　　）。

A. POS　　　　　　　　B. OFS/SET　　　　　C. CSTM/GR　　　D. PROG

17. 程序中 G01 的速度值是（　　）。

A. 数控程序中指定　　　　　　　　　　　B. 机床参数指定

C. 操作面板指定

18. 设置工件原点的作用是（　　）。

A. 便于刀具对工件进行加工　　　　　　　B. 使工件坐标系与编程坐标系重合

C. 使机床能按笛卡儿坐标系移动　　　　　D. 使刀具能够按照机床坐标系移动

19. 辅助功能中，主轴停止的 M 指令是（　　）。

A. M08　　　　　　　　B. M09　　　　　　　C. M05　　　　　D. M03

20. G01 表示（　　）。

A. *XY* 平面选择　　　　B. *YZ* 平面选择　　　C. 直线插补

21. PowerMill 为（　　）软件。

A. CAD　　　　　　　　B. CAE　　　　　　　C. CAM　　　　　D. CAPP

二、填空题

1. 数控机床通常由 CNC 系统、液压系统、＿＿＿、电气控制、机械传动、润滑、整体防护系统等组成。

2. 用键槽铣刀顺时针加工内圆孔时，刀具半径补偿应采用＿＿＿＿。

3. 数控机床中把脉冲信号转换成机床移动部件运动的系统是＿＿＿。

4. 数控铣床安全操作规程中，要求数控铣床回零操作一定要先回＿＿＿轴。

5. G 指令大体可分为＿＿＿＿和＿＿＿＿两种类型，其中＿＿＿＿的功能仅在出现的程序段有效。

6. XKA714 数控铣床手动回零后，机床就建立了＿＿＿坐标系，而对刀操作的目的就是将＿＿＿与＿＿＿建立一一对应的关系。

7. 数控铣床操作中，出现的一般报警情况需要按＿＿＿＿键便可解除报警。

8. 数控铣削操作中，精加工曲面模型时应优先选用＿＿＿＿刀。

9. 通常情况下，平行机床主轴的坐标轴是＿＿＿＿轴。

10. 根据 XKA714 数控铣床的结构简图（见图 13-1），指明各主要部件的名称。

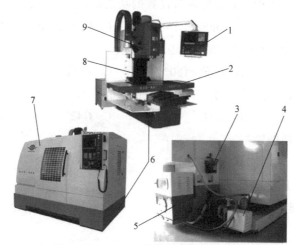

图 13-1　XKA714 数控铣床的结构简图

1—_____　　2—_____　　3—_____　　4—_____　　5—_____

6—_____　　7—_____　　8—_____　　9—_____

三、判断题

1. 手动输入（MDI）一段程序后，需要程序运行时，模式选择应置于自动。　　（　　）

2. G00 的速度可以通过设定 F 值来改变。　　（　　）

3. 数控铣床编程中，用 R 和 I、J、K 两种方式编写圆弧程序时，都可以用一条指令表示一个整圆。　　（　　）

4. 数控加工程序编制完成后即可进行正式加工。　　（　　）

5. XKA714 数控铣床关机前应将工作台移动到机床参考点位置。　　（　　）

6. 数控铣床刀具半径补偿指令 G41 和 G42 不能同时用在一个程序中。　　（　　）

7. 数控编程时，不能用 G41 代替 G42 使用。　　（　　）

8. 数控铣床可以用来加工零件的平面、内外轮廓、孔及螺纹等。　　（　　）

9. 由于数控铣床与数控车床都是 FANUC 系统，所以车床与铣床的 G90 指令含义相同。

（　　）

10. 刀具补偿功能包括刀补的建立、刀补的执行和刀补的取消三个阶段。　　（　　）

11. 按数控系统操作面板上的 RESET 键后就可取消报警信息。　　（　　）

12. 数控铣床型号 XKA714 中 4 是指工作台的宽度为 400mm。　　（　　）

四、问答题

1. 数控铣削加工程序编制方法主要有哪两种？简要说明各自的优缺点。

2. 以 FANUC 0i 系统为例，说明数控程序格式的组成。

3. 简述 XKA714 数控铣床的加工范围和特点。

4. 简述 XKA714 数控铣床中字母 X、K 及数字 4 的含义。

5. 刀具半径补偿功能有哪三个方面的作用？

6. 写出逆时针圆弧指令 R 方式编程指令的格式及各个参数所表示的意义。

7. 写出 G00 与 G01 指令的格式并说明它们的主要区别。

8. 简述数控铣床编程中的主要功能指令。

9. 数控铣削加工适合哪些场合？

10. 什么是机床坐标系？什么是工件坐标系？两者之间有何联系？

11. 数控铣削如何选择对刀点？选择对刀点的原则是什么？

12. 数控铣削加工中工艺参数的内容主要有哪些？

五、编程及工艺训练

1. 零件尺寸如图 13-2 所示，材料为 45 钢，利用 XKA714 数控铣床进行精加工，请选择刀具及合理的工艺参数并编写精加工程序。（机械类专业要求采用刀具半径补偿方式编写）

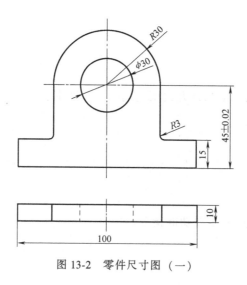

图 13-2　零件尺寸图（一）

2. 零件尺寸如图 13-3 所示，利用 XKA714 数控铣床进行精加工，所用铣刀为 $\phi 6mm$ 键槽铣刀，要求：在括号中填入所缺内容使程序完整。（非机械类专业用题）

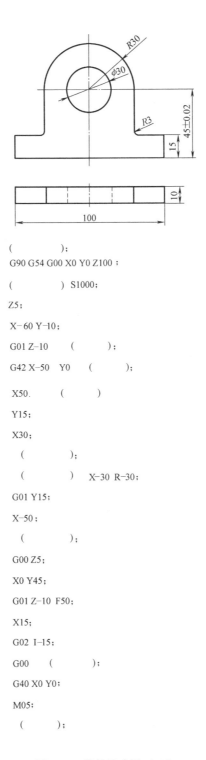

（　　　　　）；

G90 G54 G00 X0 Y0 Z100；

（　　　　　）S1000；

Z5；

X−60 Y−10；

G01 Z−10　　（　　　　　）；

G42 X−50　Y0　　（　　　　）；

　X50.　　（　　　　　）

　Y15；

　X30；

　　（　　　　　）；

　　（　　　　）　X−30 R−30；

G01 Y15；

　X−50；

　　（　　　　　）；

G00 Z5；

X0 Y45；

G01 Z−10 F50；

X15；

G02 I−15；

G00　　（　　　　　）；

G40 X0 Y0；

M05；

　　（　　　　　）；

图 13-3　零件尺寸图（二）

3. 根据图 13-4 所示工件尺寸，完成其轮廓加工程序编制（不考虑刀具半径的影响）。

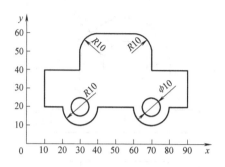

图 13-4　加工轮廓（一）

4. 根据图 13-5 所示工件尺寸，完成图中六边形和尺寸 $\phi90$mm 轮廓的加工编程（毛坯为 $\phi100$mm 的合金铝棒）。

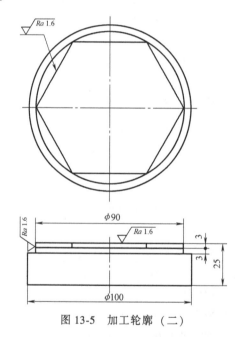

图 13-5　加工轮廓（二）

六、创新训练题

1. 已知毛坯为 120mm×100mm×12mm（长×宽×厚）的合金铝板，根据实习所学 FANUC 0i 系统的指令和程序格式，自行设计一个由多条直线、圆弧或圆组成的工程图形，并选择合适的刀具和工艺参数为其编写加工程序（可用半径补偿指令）。

2. 已知毛坯为厚 30mm、直径 ϕ120mm 的合金铝棒，根据实习所学 FANUC 0i 系统的指令和程序格式，自行设计一个工程图形，并选择合适的刀具和工艺参数为其编写加工程序（可用半径补偿指令）。

3. 自行选择毛坯（材料和尺寸），自行设计绘制图案及尺寸，选择合适的刀具及工艺参数并编写 NC 程序。

工程训练报告14　　数控电加工

学生成绩：＿＿＿＿＿＿＿＿　　　　　　评阅教师：＿＿＿＿＿＿＿＿

一、选择题

1. 电火花加工是靠（　　）去除金属材料的。
A. 切削　　　　B. 电腐蚀　　　　C. 摩擦

2. 数控高速走丝电火花线切割机床加工电极常采用（　　）。
A. 铜丝　　　　B. 钢丝　　　　C. 钼丝

3. 下列不能用数控电火花线切割加工的材料为（　　）。
A. 石墨　　　　B. 铝　　　　　C. 硬质合金　　　　D. 大理石

4. 在电火花线切割加工过程中，电极丝的进给为（　　）。
A. 等速进给　　B. 加速进给　　C. 减速进给　　D. 伺服进给

5. 数控电火花加工（线切割、小孔机、成形机）属于（　　）。
A. 快速成形　　B. 特种加工　　C. 电弧加工　　D. 切削加工

6. 数控高速走丝电火花线切割机床（FW2），加工钢件放电间隙一般为（　　）左右。
A. 0.01mm　　B. 0.02mm　　C. 0.005mm　　D. 0.11mm

7. 数控高速走丝电火花线切割顺时针加工凸模已选择（　　）偏移，偏移量为0.11mm。
A. 左　　　　　B. 右　　　　　C. 都可以

8. 线切割自动编程系统CAD中，将图形尺寸缩小1/2，应采用（　　）。
A. 编辑一，缩放0.5　　　　　B. 显示，缩小0.5
C. 都可以

9. 用线切割机床不能加工的形状或材料为（　　）。
A. 不通孔　　　B. 圆孔　　　　C. 上下异形件　　D. 淬火钢

10. 在线切割加工中，加工穿丝孔的主要目的有（　　）。
A. 保证零件的完整性　　　　　B. 减小零件在切割中的变形
C. 容易找到加工起点　　　　　D. 提高加工速度

11. 关于电火花线切割加工，下列说法中正确的是（　　）。
A. 快走丝线切割电极丝运行速度快，丝运行不平稳，所以和慢走丝相比，加工精度低
B. 快走丝线切割由于电极丝反复使用，电极丝损耗大，所以和慢走丝相比，加工精度低

C. 快走丝线切割使用的电极丝直径比慢走丝线切割大，所以加工精度比，慢走丝低

D. 快走丝线切割使用的电极丝材料比慢走丝线切割差，所以加工精度比，慢走丝低

12. 电火花线切割加工过程中，工作液必须具有的性能是（　　　）。

A. 绝缘性能　　　　B. 洗涤性能　　　　C. 冷却性能　　　　D. 润滑性能

13. 在快走丝线切割加工中，当其他工艺条件不变时，增大开路电压，不正确的是（　　　）。

A. 提高切割速度　　　　　　　　B. 表面质量变差

C. 增大加工间隙　　　　　　　　D. 降低电极丝的损耗

14. 快走丝线切割最常用的加工波形是（　　　）。

A. 锯齿波　　　　B. 矩形波　　　　C. 分组脉冲波　　　　D. 前阶梯波

15. 电火花线切割加工一般安排在（　　　）。

A. 淬火之前，磨削之后　　　　　B. 淬火之后，磨削之前

C. 淬火与磨削之后　　　　　　　D. 淬火与磨削之前

二、填空题

1. 电火花加工要求采用的电源为 _____ 电源，反应电源电流波形的三个参数是 _____、_____ 和 _____。

2. 数控电火花线切割加工机床分类，按走丝速度分为 _____、_____；按工作液供给方式分为 _____、_____；按电极丝位置分为 _____、_____。

3. 数控高速走丝电火花线切割加工的加工效率以 _____ 来衡量，表面粗糙度一般以 _____ 表示。

4. 数控高速走丝电火花线切割机床正常情况下感知找边时，丝碰到工件不停，原因是 _____。

5. G 指令大体可分为 _____ 和 _____ 两种类型，其中 _____ 的功能仅在出现的程序段有效。

6. FW2 数控高速走丝电火花线切割加工一般用 _____ 工作液，其配比一般为 _____，工件越厚，配比应越 _____。

7. 根据图 14-1 所示 FW2 数控线切割的结构简图，指出各主要部件的名称。

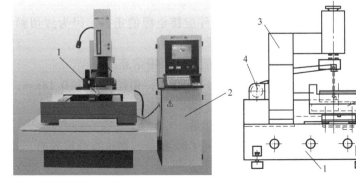
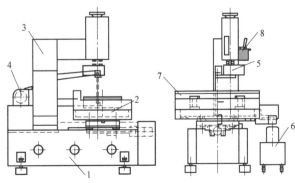

图 14-1　FW2 数控线切割结构简图

数控高速走丝电火花线切割机床一般分为_____和数控_____两大部分，主机又分为：

1—_____ 2—_____ 3—_____ 4—_____

5—_____ 6—_____ 7—_____ 8—_____

8. 根据图 14-2 所示 FW2 数控线切割冷却系统简图，指明各主要部件的名称。

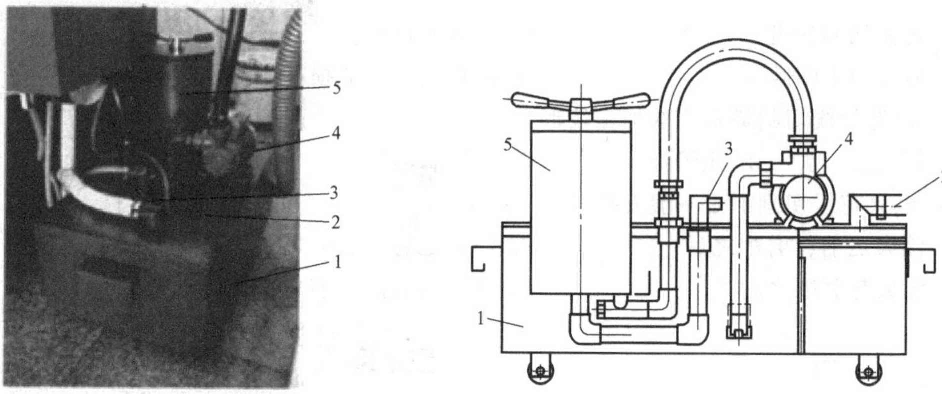

图 14-2 FW2 数控线切割冷却系统简图

1—_____ 2—_____ 3—_____ 4—_____ 5—_____

9. 电极丝直径的选择应根据切缝宽窄、工件厚度和拐角尺寸大小来选择，常用的电极丝直径有_____、_____、_____和_____。

10. 实习所选用的机床为北京阿奇夏米尔股份有限公司 FW 系列线切割机床，机床名称为"_____"，简称为"_____"。走丝速度为_____。

11. 数控高速走丝电火花线切割加工一般是在工作台上用压板螺钉固定工件，有_____、_____和_____三种形式。

12. 快丝 FW2 加工材料为 45 钢，厚度 200mm 以下的，电极丝直径 $\phi0.2$mm，粗加工应选用_____放电参数_____。

三、判断题

1. 电火花线切割加工电极即钼丝应接电源的负极，工件应接电源的正极。因为线切割采用的是窄脉宽加工，如果接反，则丝的损耗加大，容易断丝。   （   ）

2. 高速走丝电火花切割机床，按手控盒上的 R 键后就能消除报警信息。   （   ）

3. 如果数控高速走丝电火花切割加工单边放电间隙为 0.01mm，钼丝直径为 0.18mm，则加工圆孔时的电极丝补偿量为 0.19mm。   （   ）

4. 如果电火花切割加工的凹模尺寸偏大，则应增大偏移量。   （   ）

5. 上一个指令段中有 G02 指令，下一个程序段如果仍是 G02 指令，则该指令可省略。
          （   ）

6. 数控高速走丝电火花线切割机床加工速度快，数控低速走丝电火花线切割机床加工

速度慢。　　　　　　　　　　　　　　　　　　　　　　　　　（　　）

 7. 数控电火花线切割加工过程，可以不使用工作液。　　　　　（　　）

 8. 目前我国只能生产数控高速走丝电火花线切割机床。　　　　（　　）

 9. 电火花线切割加工过程中，电极丝与工件间直接接触。　　　（　　）

 10. 慢走丝线切割机床，除浇注式供液方式外，有些还采用浸泡式供液方式。（　　）

 11. 在用 ϕ0.2mm 钼丝切割工件时，可切割出 R 为 0.06mm 的内圆弧。（　　）

 12. 电火花线切割在加工厚度较大的工件时，脉冲宽度应选择较小值。（　　）

四、问答题

 1. 简述数控电火花线切割加工的基本原理。

 2. 数控高速走丝电火花线切割加工，电极丝采用钼丝，钼丝熔点是 2620℃，加工过程中产生 3000℃ 以上的高温，钼丝为什么不断？

 3. 简述数控电火花线切割机床加工的特点。

 4. 数控电火花线切割机床适合加工的材料有哪些？

5. 数控电火花线切割机床适合加工的材料加工范围是什么？

6. 快丝 FW2 放电条件 C120 的含义是什么？

7. 线切割按走丝速度分成哪两类，如何区别？

8. 快走丝加工如何计算工时？如果一个工时 5.00 元，切割长 160mm、宽 80mm、厚 40mm 的长方体需要多少元？

9. 电火花加工的三个阶段是什么？

10. 实现放电加工必须具备的几个条件是什么？

11. 为什么慢走丝比快走丝加工精度高？

12. 数控线切割加工的主要工艺指标有哪些? 影响表面粗糙度值的主要因素有哪些?

五、工艺及编程题

1. 采用线切割方法加工如图所示工件（见表 14-1）

表 14-1　线切割加工零件工艺程序

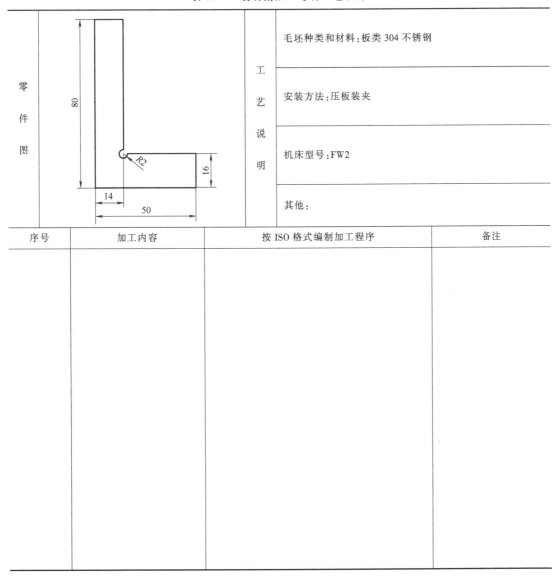

序号	加工内容	按 ISO 格式编制加工程序	备注

2. 线切割加工多功能角度样板（见表 14-2）

表 14-2　线切割加工多功能角度样板

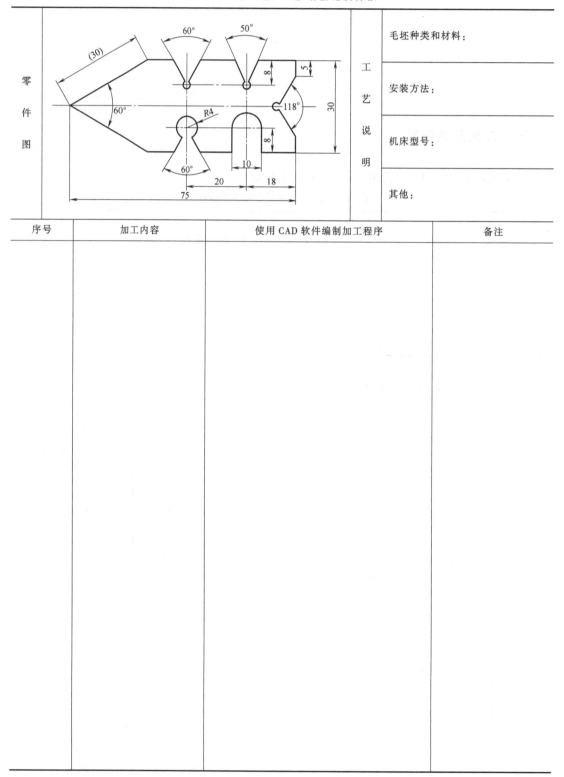

序号	加工内容	使用 CAD 软件编制加工程序	备注

零件图

工艺说明

毛坯种类和材料：

安装方法：

机床型号：

其他：

3. 线切割加工紫荆花图形（见表 14-3）

表 14-3 线切割加工紫荆花图形

零件图	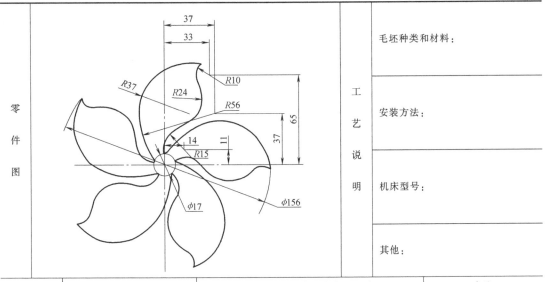	工艺说明	毛坯种类和材料： 安装方法： 机床型号： 其他：

序号	加工内容	使用 CAD 软件编制加工程序	备注

六、创新设计及制作题

1. 十二生肖任选其一，独立设计并制作，材料为 2mm 厚 304 不锈钢，尺寸为 100mm×100mm 之内。简述自行设计线切割零件的加工过程。

学生创新设计零件图	工艺说明	工件选用材料： 工艺方法： 其他：

2. 独立设计并制作艺术字，选用 2mm 厚 304 不锈钢，尺寸为 100mm×100mm 之内，简述自行设计线切割零件的加工过程。

学生创新设计零件图	工艺说明	工件选用材料： 工艺方法： 其他：

3. 独立设计并制作 logo，采用 2mm 厚 304 不锈钢，尺寸为 100mm×100mm 之内。

学生创新设计零件图		工艺说明	工件选用材料：
			工艺方法：
			其他：

工程训练报告15　激光切割

学生成绩：_____　　　　　　评阅教师：_____

一、选择题

1. CO_2 激光加工属于（　　），严禁将身体的任何部位置于激光头下。

A. 热加工　　　B. 冷加工　　　　C. 电火花　　　　D. 数控加工

2. 由于 CO_2 激光为（　　）激光，因此操作者不可将身体的任何部位穿越光路。

A. 红色　　　　B. 不可见　　　　C. 蓝紫色　　　　D. 绿色

3. 机床在加工中，需打开（　　），才可有效排放废气。

A. 冷却循环机　B. 风机　　　　　C. 气泵　　　　　D. 空压机

4. 机床在加工中，打开（　　）能防止加工产生的明火，并保护聚焦镜片。

A. 冷却循环机　B. 风机　　　　　C. 气泵　　　　　D. 空压机

5. （　　）是给激光发生器冷却的装置，开机时为常开状态。

A. 冷却循环机　B. 风机　　　　　C. 气泵　　　　　D. 空压机

6. 当所需加工的图形不是控制软件自身格式时，我们需要（　　）才能使用。

A. 打开　　　　B. 导入　　　　　C. 保存　　　　　D. 下载

7. 为防止图形在加工过程中重复切割，在加工前需在软件中（　　）。

A. 删除重线　　B. 走边框　　　　C. 设置工艺　　　D. 切边框

8. 当加工方式为激光扫描时，扫描间隔最佳数值应设置为（　　）。

A. 0. 45　　　　B. 0. 045　　　　C. 0. 5　　　　　D. 1

9. 激光切割机冷却系统中的冷却液是（　　）。

A. 自来水　　　B. 纯净水　　　　C. 乳化液

10. 实习所用激光切割机激光头距离工件上表面（　　）。

A. 3mm　　　　B. 4mm　　　　　C. 5mm

11. 为防止加工材料变形，存储时应（　　）。

A. 平放于地面或货架　　　　　　B. 竖直放置

C . 倾斜放置

12. （　　）是整个设备的最终保护装置，当遇紧急情况时可直接切断。

A. 手动出光键　B. 低压断路器　　C. 风机按键　　　D. 气泵按键

13. 附着在台面上的（ ）是设备长时间加工烧结形成的，及时清理可有效防止反光烧坏材料，并降低明火隐患，提高设备安全性与加工质量。

　　A. 材料　　　　　B. 碳化物　　　　　C. 灰尘　　　　　D. 油渍

14. 加工过程中严禁将身体的任何部位放置在设备内，如必须伸入设备，可按下（ ）再进入。

　　A. 走边框键　　　B. 暂停键　　　　C. 出光键　　　　D. 定位键

15. 激光照射在反光材料上将出现光折射现象，会对人员或设备造成伤害，因而严禁加工（ ）。

　　A. 木板　　　　　B. 纸张　　　　　C. 皮革　　　　　D. 高反光材料

二、填空题

1. 激光切割机主要由＿＿＿＿＿＿、＿＿＿＿＿＿、＿＿＿＿＿＿、＿＿＿＿＿＿、＿＿＿＿＿＿和＿＿＿＿＿＿组成。

2. 影响激光切割质量的主要参数有＿＿＿＿＿＿、＿＿＿＿＿＿、＿＿＿＿＿＿和＿＿＿＿＿＿等。

3. 切割机所用激光气体为混合气，其中包括＿＿＿＿＿，配比为＿＿＿＿；＿＿＿＿＿，配比为＿＿＿＿；＿＿＿＿＿，配比为＿＿＿＿。

4. 激光切割设备在加工过程中需常开＿＿＿＿＿＿、＿＿＿＿＿＿和＿＿＿＿＿＿，才能保证机床安全稳定地工作。

5. 当发现材料难以切透时，可能是由于＿＿＿＿＿＿、＿＿＿＿＿＿、＿＿＿＿＿＿和＿＿＿＿＿＿等情况导致的。

6. 激光切割机加工前需做到＿＿＿＿＿＿、＿＿＿＿＿＿、＿＿＿＿＿＿、＿＿＿＿＿＿和＿＿＿＿＿＿。

三、判断题

1. 激光切割设备在加工过程中，操作人员严禁离开现场，以避免发生火灾。　（　　）

2. 对于新型材料的加工，可咨询设备厂家获得专业指导，然后上机加工。　（　　）

3. 操作者需要打开机床配电箱、激光高压包、激光发生器时，设备可处于开机状态。　（　　）

4. 实习所用的激光切割机可加工材料有亚克力、玻璃、实木、纸张和塑料等。　（　　）

5. 激光器保护气体必须使用高纯氮气体积分数为（99.999%）　（　　）

6. 若激光切割机在加工过程中没有切透，可将参数中切割速度增大，激光功率减小。　（　　）

7. 设备良好地接地可有效消除机器产生的静电，降低静电对设备加工的干扰。　（　　）

8. 操作设备时，四周应放置灭火器、设备常用工具、压铁等物品。　（　　）

9. 当加工材料有微弱明火产生时，应按暂停键，暂停加工，用水浇灭。　　（　　）

四、问答题

1. 根据图 15-1 所示激光加工原理示意图简述激光切割加工原理。

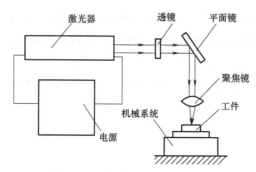

图 15-1　激光加工原理示意图

2. 激光切割机加工过程中，明火产生的主要原因是什么？

3. 激光加工的特点有哪些？

五、工艺题

1. 独立设计并制作零件（见表 15-1），要求设计的零件至少有直线和圆弧两个要素，尺寸在 100mm×100mm 之内。

表 15-1　独立设计并制作零件的工艺

工艺参数	最大功率：	工艺说明	毛坯种类和材料：
	最小功率：		机床型号：
	切割速度：		其他：

零件加工简图

2. 独立设计并制作工艺品（见表 15-2），材料自选，尺寸在 100mm×100mm 之内。

表 15-2　独立设计并制作工艺品的工艺

工艺参数	最大功率：		工艺说明	毛坯种类和材料：
	最小功率：			机床型号：
	切割速度：			其他：

零件加工简图

3. 设计一套传动机构，绘制机构装配简图，并书写机构说明书（见表 15-3）。现场提供 5mm 和 3mm 厚的亚克力板及材料为 45 钢，直径为 4mm 和 6mm 的圆柱体。亚克力板用激光加工，轴用线切割切断。要求 4 人或 5 人一组，完成设计、加工、安装、调试。

表 15-3　自行设计传动机构工艺

	姓名	负责内容	姓名	负责内容
团队成员				

说明书

工程训练报告16 物料自动化加工模拟系统

学生成绩：＿＿＿＿＿＿＿＿＿＿　　　　　　评阅教师：＿＿＿＿＿＿＿＿＿＿

一、选择题

1. 真空吸盘吸取工件时，要求工件表面（　　），干燥清洁，同时气密性好。

A. 粗糙　　　　　　B. 凹凸不平　　　　C. 平缓突起　　　　D. 平整光滑

2. Profibus DP 总线最多支持节点数为（　　）。

A. 32　　　　　　　B. 64　　　　　　　C. 126　　　　　　D. 6

3. 动力学主要研究机器人的（　　）。

A. 动力源是什么　　　　　　　　　　B. 运动和时间的关系

C. 动力的传递与转换　　　　　　　　D. 动力的应用

4. 当执行加工过程的（　　）均由机器来完成，则可认为这个制造过程是"自动化"。

A. 基本动作　　　　　　　　　　　　B. 控制动作

C. 基本动作和控制动作　　　　　　　D. 辅助动作

5. 机械传动控制方式属于（　　）控制系统。

A. 闭环时间　　　B. 闭环行程　　　　C. 开环时间　　　　D. 开环行程

6. PLC 是以（　　）为核心，利用计算机技术组成的通用电气控制装置。

A. 计算机　　　B. 微处理器　　　　C. 继电器　　　　　D. 接触器

7. 在自动化生产线上，工件以一定的生产节拍，按（　　）顺序自动通过各个工位完成预先的工艺过程。

A. 工序　　　　　　B. 任意　　　　　　C. 快慢　　　　　　D. 随机

8. 对机器人进行示教时，作为示教人员必须事先接受过专门的训练才行。与示教作业人员一起进行作业的监护人员，处于机器人可动范围外，（　　）可进行共同作业。

A. 不需要事先接受专门的培训　　B. 必须事先接受专门的培训

C. 没有事先接受专门的培训也可以　　D. 以上都可以

9. 通常对机器人进行示教编程时，要求最初程序点与最终程序点的位置（　　），如此可提高工作效率。

A. 相同　　　　　　B. 不同　　　　　　C. 无所谓　　　　　D. 距离越大越好

10. 为了确保安全，用示教器编程手动运行机器人时，机器人的最高速度限制为（　　）。

A. 50mm/s　　　B. 250mm/s　　　C. 800mm/s　　　D. 1600mm/s

11. 对机器人进行示教时，模式旋钮变成示教模式后，在此模式中，外部设备发出的启动信号（　　　）。

A. 无效　　　　B. 有效　　　　C. 延时后无效　　D. 延时后有效

12. 试运行是在不改变示教模式的前提下模拟再现动作的功能，机器人动作速度超过示教器最高速度时，以（　　　　）。

A. 程序给定的速度运行　　　　　B. 示教器的最高速度限制运行

C. 示教器的最低速度限制运行　　D. 不能运行

13. 示教-再现控制为一种在线编程方式，它的最大问题是（　　　　）。

A. 操作人员劳动强度大　　　　　B. 占用生产时间

C. 操作人员安全问题　　　　　　D. 容易产生废品

14. 每台机器人可以设置（　　　）主程序。

A. 1个　　　　B. 2个　　　　C. 3个　　　　D. 无限制

15. 传感器的输出信号稳定时，输出信号变化与输入信号变化的比值代表传感器的（　　　）参数。

A．抗干扰能力　B. 精度　　　　C. 线性度　　　　D. 灵敏度

二、填空题

1. PLC 的全称是 _____。

2. 搬运机器人驱动方式主要有 _____、_____ 和 _____ 三种。

3. 光电传感器把 _____ 转变为 _____。

4. 当出现意外事故时，应按下 _____，使物料自动化加工系统立即停止。

5. 伺服电动机有三种控制方式：_____、_____ 和 _____。

6. 工业机器人按照结构形式和编程坐标系主要分为 _____、_____、_____ 和 _____。

7. 欧姆龙视觉检测系统中视觉传感器使用的是 _____。

8. 机器人线性运动的指令为：_____。

9. 设定为直角坐标系时，机器人控制点沿 _____、_____ 和 _____ 轴平行移动。

10. 示教编程器上安全开关，握紧时为 ON 状态，松开时为 OFF 状态，作为进而追加的功能，当握紧力过大时为 _____ 状态。

11. 一个刚体在空间运动时具有 _____ 个自由度。

12. 机器人的精度主要依存于 _____、控制算法误差和分辨率系统误差。

三、判断题

1. 码垛机械手可以被称为机器人。　　　　　　　　　　　　　　　（　　　）

2. 机器人处于手动操作模式时，要一直按住示教使能器。　　　　　（　　　）

3. 机器人在工作时，工作范围内可以站人。　　　　　　　　　　　（　　　）

4. 机器人不用定期保养。 （　　）

5. 在西门子 PLC 中，按钮应该接在 Q0.0 端点上。 （　　）

6. ProfibusDP 通信协议只需要一根信号线即可完成不同设备间的通信。 （　　）

7. 为了保证物料加工安全，在实际物料加工流水线中应让机器人处于手动状态。

（　　）

8. 气动驱动不需要电气控制。 （　　）

9. 物料自动化加工中，反转台可以提高加工效率。 （　　）

10. 在物料自动化加工中，应将示教器关闭。 （　　）

11. 机器人中只有一个程序模块。 （　　）

12. 在每次机器人进行物料自动化加工之前，都需要重新校准坐标零点。 （　　）

四、问答题

1. 什么是自由度？

2. 简述抓取与释放物料的工作过程。

3. 试分析电气控制的主要特点。

4. 物料自动化加工模拟系统中安全光幕的作用是什么？什么时候此光幕被触发？被触发后会出现什么现象？

5. 机器人按应用大致可分为几类？并说明对应的用途。

6. 工业机器人由哪几部分组成？各有什么作用？

7. 工业机器人常用驱动器有哪些类型？简要说明其特点。

8. 简述常用工业机器人的传动系统。

9. 工业机器人在哪些情况下需要标定零点？

10. 欧姆龙视觉监测系统主要由哪几部分组成？

11. 请举例说明工业机器人中精度、重复精度与分辨率之间的关系。

12. 机器人控制系统的基本单元有哪些？

五、综合题

1. 针对西门子 PLC，试设计一个三相异步电动机正反转梯形图程序。

2. 在示教器中编写程序，让机械手画一个矩形轨迹。

3. 已知 A、B 两个位置坐标分别为 P_A 与 P_B，如图 16-1 所示。物料长为 20mm、宽为 20mm、高为 5mm。物料个数为 4。编写一段示教器程序，实现将 A 处的物料搬运至 B 处。

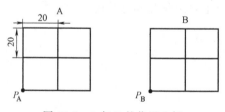

图 16-1　A 与 B 的位置坐标

工程训练报告17 三相异步电动机检修

学生成绩：_____　　　　　评阅教师：_____

一、选择题

1. 异步电动机的旋转磁场的转速与极数（　　）。

A. 成正比　　　　B. 平方成正比　　　　C. 成反比　　　　D. 无关

2. 最高允许工作温度为120°的电动机的绝缘材料等级为（　　）。

A. B　　　　B. E　　　　C. Y　　　　D. A

3. 若要使三相异步电动机稳定运行，则转差率应（　　）临界转差率。

A. 大于　　　　B. 等于　　　　C. 小于

4. 一台三相异步电动机，其铭牌上标明额定电压为220V/380V，其接法应是（　　）。

A. Y/△　　　　B. △/Y　　　　C. △/△　　　　D. Y/Y

5. 直流电动机的励磁方法分为（　　）两大类。

A. 自励、复励　　B. 自励、并励　　C. 并励、串励　　D. 他励、自励

6. 绕线式异步电动机的转子绕组（　　）。

A. 经直流电源闭合

B. 为笼型闭合绕组

C. 可经电刷与滑环外接起动电阻或调速电阻

D. 是开路的

7. 笼型异步电动机的转子绕组（　　）。

A. 是一个闭合的多相对称绕组　　　　B. 经滑环与电刷外接起动电阻而闭合

C. 经滑环与电刷外接调速电阻而闭合　　D. 是一个闭合的单相绕组

8. 异步电动机转子速度（　　）定子磁场的速度。

A. 等于　　　　B. 低于　　　　C. 高于　　　　D. 有时高于，有时低于

9. 当异步电动机的负载超重时，其起动转矩将（　　）。

A. 越大　　　　B. 越小　　　　C. 随机变化　　　　D. 与负载轻重无关

10. 电动机铁心常采用硅钢片叠装而成，是为了（　　）。

A. 便于运输　　　　　　　　B. 节省材料

C. 减少铁心损耗　　　　　　D. 增加机械强度

11. 三相异步电动机与发电机的电枢磁场都是（　　）。

A. 旋转磁场　　　　B. 脉振磁场　　　　C. 波动磁场　　　　D. 恒定磁场

12. 交流电动机定子绕组一个线圈两个边所跨的距离称为（　　　）。

A. 节距　　　　　　B. 长距　　　　　　C. 短距　　　　　　D. 极距

13. 异步电动机机械特性是反映（　　　）。

A. 转矩与定子电流的关系曲线　　　　　　B. 转速与转矩的关系曲线

C. 转速与端电压的关系曲线　　　　　　　D. 定子电压与电流的关系曲线

14. 三相异步电动机空载试验的时间应（　　　），可测量铁心是否过热或发热不均匀，并检查轴承的温升是否正常。

A. 不超过 1min　　B. 不超过 3min　　C. 不少于 30min　　D. 不少于 1h

15. 在测试发电机定子相间及相对地的绝缘电阻前要进行充分的放电，即预放电，预放电时间一般需经历约（　　　）min。

A. 1～3　　　　　　B. 5～10　　　　　　C. 12～15　　　　　D. 15～30

二、填空题

1. Y 系列异步电动机常采用 B 级绝缘材料，B 级绝缘材料的耐热极限温度为____℃。

2. 异步电动机常采用 E 级绝缘材料，E 级绝缘材料的耐热极限温度是____℃。

3. 有一台星形连接 380V 三相异步电动机，现将绕组改接成三角形接线，则该电动机可接到电压为____的交流电源上运行。

4. 电动机轴承新安装时，油脂占轴承内容积的_____即可。

5. 电流互感器严禁_____。

6. 三相交流电动机初次起动时响声很大，起动电流很大，且三相电流相差很大，产生这些现象的原因是_____。

7. 同电源的交流电动机，磁极对数多的电动机，其转速_____。

8. 三相星形绕组的交流电动机，它的线电流与相电流_____。

9. 在交流电动机线路中，选择熔断器熔体的额定电流，对于单台交流电动机线路上熔体的额定电流，应等于电动机额定电流的_____倍。

10. 在正常情况下，笼型电动机在冷态下允许起动的次数是两次，每次间隔时间不小于_____min。

11. 因为电动机起动电流很大，所以要限制连续起动间隔_____和次数。

12. 中小型电动机的滚动轴承，清洗后润滑油不要加得过满，一般转速在 1500r/min 以下的电动机装轴承空间以 2/3 为宜，转速为 3000r/min 的电动机装轴承空间以_____为宜。

三、判断题

1. 三相异步电动机的转子转速越低，电动机的转差率越大，转子电动势的频率越高。

（　　　）

2. 为了提高三相异步电动机的起动转矩，可使电源电压高于电动机的额定电压，从而获得较好的起动性能。

（　　　）

3. 在交流电动机的三相相同绕组中，通以三相相等电流，可以形成圆形旋转磁场。

（　　）

4. 三相异步电动机定子极数越多，则转速越高，反之则转速越低。（　　）

5. 三相异步电动机，无论怎样使用，其转差率都为 0~1。（　　）

6. 为了提高三相异步电动机的起动转矩，可使电源电压高于额定电压，从而获得较好的起动性能。（　　）

7. 检查低压电动机定子、转子绕组各相之间和绕组对地的绝缘电阻，用 500V 绝缘电阻测量时，其数值不应低于 0.5MΩ，否则应进行干燥处理。（　　）

8. 电动机定子槽数与转子槽数一定是相等的。（　　）

9. 在一台笼型异步电动机上，调换任意两相电源线的相序，应可以使电动机反转。

（　　）

10. 有一台异步电动机，如果将转子卡住不动，向定子通入额定电压，其电流将与该电动机额定电流相同。（　　）

11. 如果异步电动机轴上负载增加，其定子中的电流会增大。（　　）

12. 一台定子绕组星形连接的三相异步电动机，若空载运行时 A 相绕组断线，则电动机必将停止转动。（　　）

四、问答题

1. 简述电动机的分类和型号。

2. 简述异步电动机的结构。

3. 什么是电动机绕组的节距和极距？

4. 简述定子绕组线圈的下线工艺要求？

5. 简述三相绕组的连接及首末端的判断方法。

6. 怎样正确选用电动机？

7. 电动机运转时，轴承温度过高，应从哪些方面找原因？

8. 什么是电动机的效率？它与哪些因素有关？

9. 一台三相异步电动机的额定电压是 380V，当三相电源线电压是 380V 时，定子绕组应采用哪种连接方法？当三相电源线电压为 660V 时，定子绕组应采用哪种连接方法？

10. 为什么单相异步电动机不能自行起动，一般采用哪些方法？

11. 对电动机进行下线检修时，常用的专用工具有哪些？

12. 电动机浸化的目的是什么？

五、综合题

1. 绘制三相异步电动机绕组的星形和三角形接线图。

2. 简述笼型三相异步电动机下线工艺要求。

3. 试用万用表对异步电动机三相绕组的首末端进行判断。

工程训练报告18　二次回路保护

学生成绩：＿＿＿＿＿＿＿　　　　　评阅教师：＿＿＿＿＿＿＿

一、选择题

1. 无时限电流速断保护称为（　　　）。

A. 电流Ⅰ段　　　　　B. 电流Ⅱ段　　　　　C. 电流Ⅲ段

2. 限时电流速断保护称为（　　　）。

A. 电流Ⅰ段　　　　　B. 电流Ⅱ段　　　　　C. 电流Ⅲ段

3. 定时限过电流保护称为（　　　）。

A. 电流Ⅰ段　　　　　B. 电流Ⅱ段　　　　　C. 电流Ⅲ段

4. 利用电流突然增大使继电器动作而构成的保护装置称为（　　　）。

A. 电压保护　　　　　B. 电流保护　　　　　C. 功率保护

5. 合闸回路中的防跳跃继电器（　　　）。

A. 只是手动合闸时起防跳跃作用　　　　　B. 只是自动合闸时起防跳跃作用

C. 手动合闸及自动合闸过程中都能起防跳跃作用

6. 线路上装设了重合闸装置后，重合的成功率为（　　　）。

A. 60%以下　　　　　B. 60%以上　　　　　C. 不确定

7. 电流继电器的符号为（　　　）。

A. KS　　　　　　　　B. KA　　　　　　　　C. KT

8. 信号继电器的符号为（　　　）。

A. KS　　　　　　　　B. KA　　　　　　　　C. KT

9. 时间继电器的符号为（　　　）。

A. KS　　　　　　　　B. KA　　　　　　　　C. KT

10. 故障时电流上升构成（　　　）。

A. 过电流保护　　　　B. 欠电压保护　　　　C. 方向保护

11. 故障时电压降低构成（　　　）。

A. 过电流保护　　　　B. 欠电压保护　　　　C. 方向保护

12. 电压和电流相位角的变化构成（　　　）。

A. 过电流保护　　　　B. 欠电压保护　　　　C. 方向保护

13. 电流互感器是（　　　）。

A. 内阻无穷大的电流源　　　　　　　　B. 内阻无穷大的电压源

C. 内阻为零的电流源　　　　　　　　　D. 内阻为零的电压源

14. 继电保护系统中，从被保护对象输入有关信号，并与给定的整定值进行比较，决定保护是否动作的部分是（　　　）。

A. 测量部分　　　　　B. 逻辑部分　　　　　C. 执行部分

15. 继电保护系统中，根据逻辑部分做出的判断，执行保护装置所担负任务的是（　　　）部分。

A. 测量部分　　　　　B. 逻辑部分　　　　　C. 执行部分

二、填空题

1. 电压和电流比值的变化构成_____保护。

2. 检查二次回路的绝缘电阻应使用_____的绝缘电阻表。

3. 通过电流继电器的电流与电流互感器二次侧的电流的比值称为_____。

4. 保护动作时，仅将故障元件从电力系统中切除，使停电范围尽量缩小，是指继电保护的_____。

5. 保护装置在尽可能的条件下，尽快地动作切除事故，是指继电保护的_____。

6. 保护装置在其保护范围内，必须可靠动作，不能拒动作、误动作，是指继电保护的_____。

7. 保护装置对其保护范围内的故障或不正常运行状态的反应能力，是指继电保护系统的_____。

8. 保护装置灵敏与否，一般用_____来衡量。

9. 在电流三段式保护中，作为线路主保护的为_____。

10. 在电流三段式保护中，电流Ⅲ段保护为本线路的_____。

11. 在电流三段式保护中，电流Ⅲ段保护为相邻线路的_____。

12. 电流互感器和电流继电器之间的接线方式有_____、_____和_____。

三、判断题

1. 无时限电流速断保护能够迅速除去短路故障并保护线路的全长。　　　　　　（　　　）

2. 限时电流速断保护能够保护线路全长。　　　　　　　　　　　　　　　　（　　　）

3. 供配电线路一定都要装设三段式电流保护。　　　　　　　　　　　　　　（　　　）

4. 继电保护一般由测量部分、逻辑部分和执行部分组成。　　　　　　　　　（　　　）

5. 定时限过电流保护不能作为下一个相邻线路的后备保护。　　　　　　　　（　　　）

6. 三段式电流只在单侧电源的网络中才有选择性。　　　　　　　　　　　　（　　　）

7. 接线展开图由交流电流电压回路、直流操作回路和信号回路三部分组成。　（　　　）

8. 电流互感器二次可以短路，不能开路。　　　　　　　　　　　　　　　　（　　　）

9. 电压互感器二次可以短路，不能开路。　　　　　　　　　　　　　　　　（　　　）

10. 继电保护装置是保证电力设备安全运行的基本装置，任何电力设备不得在无保护的状态下运行。 （　　）

11. 无时限电流速断是主保护。 （　　）

12. 当重合闸装置中任一元件损坏或不正常时，其接线应确保不发生多次重合。（　　）

四、简答题

1. 什么是一次回路？什么是二次回路？

2. 二次回路按照功用可分为哪些回路？

3. 什么是输电线路电流的三段式保护？

4. 无时限电流速断保护的特点是什么？

5. 限时电流速断保护的特点是什么？

6. 定时限过电流保护的特点是什么？

7. 简述自动重合闸在电力系统中的作用。

8. 简述 KCP 后加速继电器的作用。

9. 简述 KCF 防跳跃继电器的作用。

10. 简述自动重合闸装置中电容 C 的作用。

11. KCP 后面的加速继电器在哪些情况下动作？

12. KCF 防跳跃继电器在哪些情况下动作？

五、综合题

1. 绘制自动重合闸装置相关部分的展开接线图，并简述自动重合闸装置的动作过程。

2. 绘制过电流保护相关部分的展开接线图，并简述过电流保护的动作过程。

3. 绘制防跳跃相关部分的展开接线图，并简述防跳跃保护的动作过程。

工程训练报告19 室内照明配线

学生成绩：＿＿＿＿＿＿＿＿＿＿＿　　　　　评阅教师：＿＿＿＿＿＿＿＿＿＿＿

一、选择题

1. 荧光灯电路由（　　　）三个主要部件组成。

A. 灯管、变压器、辉光启动器　　　　　　B. 灯管、镇流器、辉光启动器

C. 灯泡、镇流器、辉光启动器　　　　　　D. 灯管、镇流器、起动开关

2. 一般场合，插座应距地（　　　）以上。

A. 1.2m　　　　　　B. 1.8m　　　　　　C. 1.5m　　　　　　D. 0.3m

3. 幼儿园插座安装高度距地面应不低于（　　　）。

A. 1.5m　　　　　　B. 1.3m　　　　　　C. 1.8m　　　　　　D. 0.3m

4. 教室照明应采用（　　　）灯具。

A. 白炽灯　　　　　　B. 荧光灯　　　　　　C. 高压汞灯　　　　　　D. 碘钨灯

5. 一根管内的支线最多不能超过（　　　）根。

A. 6　　　　　　B. 8　　　　　　C. 10　　　　　　D. 9

6. 多根导线穿同一根管时，导线截面积（包括绝缘层）的总和，应不超过管截面积的
（　　　）%。

A. 40　　　　　　B. 25　　　　　　C. 30　　　　　　D. 50

7. 万用表（　　　）表笔应接入"-"号插孔。

A. 红色　　　　　　B. 黑色　　　　　　C. 绿色　　　　　　D. 黄色

8. 普通荧光灯适用于（　　　）。

A. 室外　　　　　　B. 游泳池　　　　　　C. 办公室　　　　　　D. 建筑工地

9. 一般灯具对地高度不低于（　　　）。

A. 1.8m　　　　　　B. 2.0m　　　　　　C. 2.5m　　　　　　D. 1.5m

10. 开关应（　　　）。

A. 串联于零线　　　　　　　　　　　　　B. 并联于零线

C. 串联于相线　　　　　　　　　　　　　D. 并联于相线

11. 单相有功电度表的（　　　）接线端应接电源的相线和零线。

A. 1号和3号　　　　B. 2号和4号　　　　C. 1号和2号　　　　D. 3号和4号

12. 低压试电笔只适用于（　　　）。

A. 60～500V　　　　B. 12～36V　　　　C. 24～50V　　　　D. 500～1000V

13. 万用表在测量前应选好档位和量程，选量程时应（　　　）。

A. 从小到大　　　　B. 从大到小　　　　C. 从中间到大　　　　D. 没有规定

14. 照明开关应（　　　）。

A. 串联于零线　　　　　　　　　　　B. 并联于零线

C. 串联于相线　　　　　　　　　　　D. 并联于相线

15. 明装电度表板底口距地面高度可取（　　　）m。

A. 1. 5　　　　　　B. 1. 3　　　　　　C. 1. 8　　　　　　D. 2. 0

二、填空题

1. 低压验电器由＿＿＿＿＿＿＿＿及＿＿＿＿＿等组成。

2. 电工用钢丝钳剪切带电导线时，不得用刀口同时剪切＿＿＿＿线和＿＿＿线，或同时剪切两根＿＿＿＿线，以防发生＿＿＿＿故障。

3. 螺口平灯座的中心簧片应与＿＿＿连接，螺纹圈的线桩应与电源＿＿＿＿线连接。

4. 荧光灯的玻璃内＿＿＿＿后充入少量＿＿＿和＿＿＿等气体，管壁涂有＿＿＿＿，灯丝上涂有＿＿＿＿＿。

5. 低压线路中，两导线间或导线对地间的绝缘电阻不小于＿＿＿＿。

6. 验电时应使用电压等级相符而且合格的验电器，并且要先在＿＿＿＿＿＿＿，确认＿＿＿＿后才可进行验电。

7. 一只 110W220V 的灯泡，接在 220V 的电源上，其电流是＿＿＿＿＿。

8. 电光源按其发光原理分为＿＿＿＿光源和＿＿＿＿光源两大类，荧光灯属于＿＿＿＿＿＿光源。

9. 镇流器在电路上使灯管起动产生高的＿＿＿＿作用，此外在电路上起＿＿＿＿＿＿作用。

10. 剩余电流断路器的作用是当发生＿＿＿＿＿和＿＿＿＿＿等接地故障时，剩余电流断路器动作切断电源。

11. 室内照明灯具安装高度不低于＿＿＿＿，而插座高度不低于＿＿＿＿＿。

12. 绝缘电阻表在使用时其转速为＿＿＿＿＿，测出的读数是以＿＿＿＿为单位的。

三、判断题

1. 照明平面图中，开关暗袋符号涂黑。　　　　　　　　　　　　　　（　　　）

2. 螺口灯头的接线柱可任意连接。　　　　　　　　　　　　　　　　（　　　）

3. 单相三孔插座保护接地线与零线可任意连接。　　　　　　　　　　（　　　）

4. 扳动式开关向下是接通、向上是断开。　　　　　　　　　　　　　（　　　）

5. 插座回路不用设置漏电保护。　　　　　　　　　　　　　　　　　（　　　）

6. 单相两孔插座安装时可任意接线。　　　　　　　　　　　　　　　（　　　）

7. 开关一般串联接在照明电路中。　　　　　　　　　　　　　　　　（　　　）

8. 室内配线基本上分为明配线和暗配线两种。　　　　　　　　　　　（　　　）

9. 我国规定的安全电压值是 24V 或 36V。 （　　）

10. 电工刀应将刀口朝外剖削，可以在带电导线上剖削。 （　　）

11. 只要被测带电体与大地间电压超过 24V，验电笔氖管就会起辉发光。 （　　）

四、问答题

1. 什么是热辐射光源？什么是气体放电光源？各自的发光原理是怎样的？

2. 在照明配电线路中，荧光灯的镇流器和辉光启动器各起什么作用？

3. 什么是照明配电线路的 N 线、PE 线和 PEN 线？

4. 简述开关和插座的分类及安装注意事项。

5. 简述剩余电流断路器的工作原理。

6. 简述单相电度表的接线方法。

7. 简述兆欧表使用的注意事项。

8. 简述一般室内的低压布线方式。

9. 低压断路器有哪些特点？常用的有哪几种？

10. 照明配电线路应设哪些保护？各起什么作用？

11. 绝缘导线的选择需考虑哪些要求？

12. 简述电力系统 TN 系统的接地方式。

五、工艺题

1. 绘制荧光灯的工作原理图。

2. 室内照明线路中配管、穿线工艺要求有哪些？

3. 论述保护接地和保护接零的不同之处。

工程训练报告20　低压配电盘及配电变压器

学生成绩：_____　　　　　　　评阅教师：_____

一、选择题

1. 在电流互感器运行中，二次绕组绝不能（　　）。否则会感应出很高的电压，容易造成人身伤害和设备故障。

A. 开路　　　　　B. 短路　　　　　C. 连接负载　　　　　D. 过载

2. 对于低压成套开关设备，主电路电气间隙的测量部位应为其（　　）。

A. 最大处　　　　B. 最小处　　　　C. 最大、最小处均需测量

3. 测量抽出式开关柜的隔离距离，其抽出式部件的位置应处于（　　）。

A. 连接位置　　　B. 试验位置　　　C. 分离位置

4. 低压成套开关设备工频耐压值的确定参照如下的内容之（　　）。

A. 额定工作电压（U_e）　　　　　B. 额定绝缘电压（U_i）

C. 额定电流（I_e）　　　　　　　D. 额定工作频率（f）

5. 测试额定绝缘电压为 800V 的成套设备的绝缘电阻，使用的绝缘电阻表应选择（　　）。

A. 250V　　　　　B. 500V　　　　　C. 1000V

6. 成套设备的盖板、仪表门、遮板等部件上装有电压值为（　　）的元件时，应可靠接地。

A. 36V　　　　　B. 42V　　　　　C. 220V

7. 为保证电器设备的运行安全，电器元件（　　）安装时应充分考虑飞弧距离。

A. 热继电器　　　B. 隔离开关　　　C. 低压断路器　　　D. 剩余电流动作继电器

8. 低压成套开关设备的一致性检查内容有（　　）。

A. 名称、型号、规格等电气性能及标识与型式试验报告一致性

B. 商标、结构等产品特性与型式试验样品的一致性

C. 关键元器件和材料与型式试验报告中的产品描述的一致性

D. 以上都检查

9. 欠电压脱扣器的额定电压应（　　）线路额定电压。

A. 大于　　　　　B. 小于　　　　　C. 等于　　　　　D. 小于等于

10. 三相变压器的分接头开关改变的是（　　）绕组的匝数。

A. 低压侧　　　　B. 高压侧　　　　C. 均改变　　　　　D. 均不改变

11. 变压器绕组若采用交叠式放置，为了绝缘方便，一般在靠近上、下磁轭的位置安放（　　）

A. 低压绕组　　　B. 高压绕组　　　C. 中压绕组

12. 修理变压器时，若保持额定电压不变，而一次绕组匝数比原来少了一些，则变压器的空载电流与原来相比应（　　）。

A. 减小一些　　　B. 增大一些　　　C. 不变

二、填空题

1. 三相变压器吸收比的测定，是绝缘电阻表在额定转速下，第_____秒的绝缘电阻读数和第_____秒的绝缘电阻读数之比。

2. 三相变压器的空载实验测量的是变压器的_____，短路实验测量的是变压器的_____。

3. 在使用电流互感器时，其二次侧回路不能_____；安装时，二次侧接线要求_____，且不允许接入_____和_____。电流互感器的二次侧回路有一端必须_____。

4. 低压动力盘检修配线实习中，断路器上采用电子式合闸电磁铁，其接线端子 2、3 端必须接一对断路器的_____触头。

5. 油浸式变压器，其变压器油的作用是_____变压器本体和作为油箱与线圈之间的_____。

6. 三相变压器的分接头开关改变的是_____绕组的匝数。

7. 断路器的触头在合闸时，其_____触头先接通，_____触头后接通；而在分闸时，其_____触头先断开，_____触头后断开。

8. 低压动力盘检修配线实习中，_____色的为合闸按钮，_____色的为分闸按钮。

9. 低压动力盘检修配线实习中，其主回路电路为_____母线进线，_____母线出线的接线形式。

10. 低压动力盘检修配线实习中，当电路_____、_____和_____时，其断路器能自动分断电路。

11. 交流接触器主要由电磁机构、_____和灭弧系统三部分组成。

12. 电力系统中，_____接地系统是指电力系统中有一点直接接地，中性线和保护线是合一的。

三、判断题

1. 当把成套设备的一个部件从外壳中取出时，成套设备其余部分的保护电路不应被切断。　　　　　　　　　　　　　　　　　　　　　　　　　　　　　　（　　）

2. 额定电压为 380V 的塑料外壳式断路器，其外壳要接地。　　　　　　　（　　）

3. 电器设备的爬电距离与污染等级、绝缘电压和材料类别无关。　　　　（　　）

4. 工频耐压测试设备的电源应有足够的容量，漏电流不大于 100mA。　　（　　）

5. 作为保护导体的绝缘电缆，其外表颜色必须采用绿、黄双色鉴别标志。　　　（　　）

6. 额定短路耐受电流或额定限制短路电流不超过 10kA 的成套设备可免除短路耐受强度验证。　　　（　　）

7. 抽出式成套开关设备的抽出功能单元必须具备连接位置、试验位置、分离位置并在这些位置上进行定位及识别。　　　（　　）

8. 裸露导电部件是一种可触及的导电部件，它通常不带电，但在故障情况下可能带电，它不属于保护导体。　　　（　　）

9. 对关键元器件进行检测的设备，除进行日常的操作检查外，还应进行运行检查。

（　　）

10. 保护电路的通电连续性检查属于检查防止直接接触电击的防护措施。　　　（　　）

11. 用绝缘材料制造的手柄做耐压试验时，成套设备的框架不应接地，也不能同其他电路相连。　　　（　　）

12. 变压器温度的测量主要是通过对其油温的测量来实现的。如果发现油温比平时相同负载和相同条件下高出 10℃时，应考虑变压器内发生了故障。　　　（　　）

四、问答题

1. 简述低压动力盘的主要作用。

2. 简述低压动力盘的电器元件组成。

3. 简述 DW 系列低压断路器的结构特点。

4. 为什么电流互感器的二次回路不允许接熔断器？

5. 绝缘导线的选择需考虑哪些要求？

6. 简述电力系统 TN 系统的接地方式。

7. 简述配电变压器的总体结构。

8. 为什么说变压器的空载损耗近似等于铁耗？

9. 简述变压器运行中发生异常声音可能的原因。

10. 变压器并联运行时，若变压比不等会出现什么问题？

11. 常见的变压器油有 10 号、25 号、45 号，如何区分？

12. 简述变压器并联运行的条件。

五、综合题

1. 绘制低压动力盘主回路和电流测量回路原理图。

2. 论述低压动力盘盘内配线的工艺要求。

3. 论述供电系统的接地方式及适用环境。

工程训练报告21　　低压控制电器

学生成绩：_____　　　　　　评阅教师：_____

一、选择题

1. 低压断路器的符号是（　　　）。

A. QF　　　　　　B. FU　　　　　　C. KM

2. 熔断器的符号是（　　　）。

A. QF　　　　　　B. FU　　　　　　C. KM

3. 交流接触器的符号是（　　　）。

A. QF　　　　　　B. FU　　　　　　C. KM

4. 热继电器的符号是（　　　）。

A. QF　　　　　　B. FR　　　　　　C. KM

5. 时间继电器的符号是（　　　）。

A. QF　　　　　　B. FR　　　　　　C. KT

6. 图形符号 　　　表示的是（　　　）。

A. 按钮开关　　　B. 热继电器　　　C. 交流接触器

7. 图形符号 　　　表示的是（　　　）。

A. 常开触点　　　B. 常闭触点　　　C. 联动触点

8. 交流接触器的主触点是（　　　）。

A. 常开触点　　　B. 常闭触点　　　C. 联动触点

9. 热继电器起（　　　）作用。

A. 短路保护　　　B. 过载保护　　　C. 欠电压保护　　　D. 不起作用

10. 熔断器起（　　　）作用。

A、短路保护　　　B. 过载保护　　　C. 欠电压保护　　　D. 不起作用

11. 热继电器（　　　）控制线路中。

A. 辅助常开触点并联在　　　　　　B. 辅助常闭触点串联在

C. 辅助常开与常闭触点并联在　　　D. 辅助常开与常闭触点串联在

12. 将按钮的（　　　）触点串联在控制回路中，起停止作用。

A. 常开触点　　　B. 常闭触点　　　C. 联动触点

13. 交流接触器励磁线圈（　　　）。

A. 并联在主线路中　　　　　　　　B. 串联在控制线路中

C. 串联在主线路中　　　　　　　　D. 并联在控制线路中

14. 交流接触器有（　　　）对常开主触点。

A. 3　　　　　　　B. 4　　　　　　　C. 5

15. 万用表是（　　　）系仪表。

A. 电磁　　　　　　B. 磁电　　　　　　C. 电动

二、填空题

1. 熔断器通常由＿＿＿＿＿＿＿和＿＿＿＿＿＿＿两部分组成。

2. 断路器在低压配电电路中可用作电路的＿＿＿＿＿＿＿＿和＿＿＿＿＿＿＿。

3. 按状态不同，接触器的触点分为＿＿＿＿＿＿＿和＿＿＿＿＿＿＿两种。

4. 接触器在线圈未通电时的状态称为＿＿＿＿＿＿＿和＿＿＿＿＿＿＿。

5. 直接控制电动机起停的这部分电路称为＿＿＿＿＿＿＿。

6. 通常由按钮和接触器的线圈等组成以实现某些功能的这部分电路称为＿＿＿＿＿＿＿＿。

7. 松开起动按钮，电动机立即停止运转的控制方式称为＿＿＿＿＿＿＿＿。

8. 在自动控制电路中，不但要求能对电动机的起停进行控制，而且应该有必要的＿＿＿＿＿。

9. 按用途分，交流接触器的触点分为＿＿＿＿＿＿＿和＿＿＿＿＿＿＿两种。

10. ＿＿＿＿＿＿的接触面积大，能通过较大的电流。

11. ＿＿＿＿＿＿＿的接触面积小，只能通过较小的电流。

12. 交流接触器的主触点一般为＿＿＿＿＿＿＿触点，＿＿＿＿＿＿＿联在电源和电动机之间。

三、判断题

1. 热继电器三个主触点是常开触点。　　　　　　　　　　　　　　（　　　）

2. 交流接触器不能经常用来频繁通断交流主电路。　　　　　　　　（　　　）

3. 按钮主要用于接通或断开电流很小的控制电路。　　　　　　　　（　　　）

4. 按钮中原来就接通的触点，称为常开触点。　　　　　　　　　　（　　　）

5. 熔断器 FU 串联在主电路中，起短路保护作用。　　　　　　　　（　　　）

6. 接触器用自己的常开辅助触点，锁住自己的线圈电路，这种作用称为互锁。（　　　）

7. 用两个接触器的常闭触点互相控制的方法叫作互锁。　　　　　　（　　　）

8. 电气控制系统中常用的短路保护元件是熔断器。　　　　　　　　（　　　）

9. 在可逆起动电路中也可以不用互锁。　　　　　　　　　　　　　（　　　）

10. 在可逆起动的电路中，熔断器与控制回路应并联。　　　　　　（　　　）

11. 热继电器在主回路中起短路保护作用。　　　　　　　　　　　（　　　）

12. 热继电器辅助常闭触点与控制线路串联。　　　　　　　　　　（　　　）

四、问答题

1. 熔断器的图形符号、文字符号及其作用是什么？

2. 熔断器的熔体电流应该如何确定？

3. 继电器的种类有哪些？

4. 简述热继电器的图形符号、文字符号及其作用。

5. 简述热继电器的工作原理。

6. 如何选择热继电器？

7. 接触器是如何分类的？

8. 交流接触器由哪些结构组成？

9. 如何选择交流接触器？

10. 按钮开关的图形符号、文字符号及其组成结构？

11. 接触器常见的故障有哪些，如何分析？

12. 平行排列配线法的注意事项有哪些？

五、综合题

1. 绘制点动控制电路图，并简述其工作原理。

2. 绘制长动控制电路图，并简述其工作原理。

3. 绘制正反转控制电路图的控制电路部分，并简述其工作原理。

参 考 文 献

[1] 张祝新. 工程训练：基础篇 [M]. 北京：机械工业出版社，2013.
[2] 张祝新. 工程训练：数控机床编程与操作篇 [M]. 北京：机械工业出版社，2013.
[3] 傅水根，张学政，马二恩. 机械制造工艺基础 [M]. 3 版. 北京：清华大学出版社，2010.
[4] 邓文英，郭晓鹏，邢忠文. 金属工艺学 [M]. 6 版. 北京：高等教育出版社，2017.
[5] 郗安民. 金工实习 [M]. 北京：清华大学出版社，2009.
[6] 朱建军，唐佳. 制造技术基础实习教程 [M]. 2 版. 北京：机械工业出版社，2015.
[7] 王浩程. 面向卓越工程师培养金工实习教程 [M]. 北京：清华大学出版社，2015.
[8] 刘新，崔明铎. 工程训练通识教程 [M]. 北京：清华大学出版社，2015.
[9] 陶俊，胡玉才. 制造技术实训 [M]. 北京：机械工业出版社，2016.
[10] 张艳蕊，王明川，刘晓微. 工程训练 [M]. 北京：科学出版社，2013.
[11] 杨琦，李舒连. 工程训练及实习报告 [M]. 合肥：合肥工业大学出版社，2016.
[12] 韩建海. 工业机器人 [M]. 4 版. 武汉：华中科技大学出版社，2019.
[13] 张福学. 机器人技术及其应用 [M]. 北京：电子工业出版社，2000.
[14] 吴新辉，汪祥兵. 安全用电 [M]. 3 版. 北京：中国电力出版社，2015.
[15] 尤海峰. 电动机检修实训 [M]. 北京：中国电力出版社，2011.
[16] 刘震，佘伯山. 室内配线与照明 [M]. 2 版. 北京：中国电力出版社，2015.
[17] 杨杰忠. 电机维修技术 [M]. 北京：电子工业出版社，2016.
[18] 杨杰忠. 电机变压器的保养与维护 [M]. 北京：机械工业出版社，2015.
[19] 沈诗佳. 电力系统继电保护及二次回路 [M]. 2 版. 北京：中国电力出版社，2017.
[20] 王旭波，张刚毅. 高压电气设备的检修与试验 [M]. 西安：西安交通大学出版社，2017.